21 世纪高等院校电气工程与自动化规划教材

21 century institutions of higher learning materials of Electrical Engineering and Automation Planning

Microcontroller Experiments

单片机实验及实践教程

沈放 何尚平 主编

郑国东 涂剑鹏 罗小青 副主编

吴静进 主审

U0341429

人 民 邮 电 出 版 社

北 京

图书在版编目（CIP）数据

单片机实验及实践教程 / 沈放，何尚平主编. -- 北
京：人民邮电出版社，2014.9 (2020.1 重印)
21世纪高等院校电气工程与自动化规划教材
ISBN 978-7-115-35865-3

Ⅰ. ①单… Ⅱ. ①沈… ②何… Ⅲ. ①单片微型计算
机－高等学校－教材 Ⅳ. ①TP368.1

中国版本图书馆CIP数据核字(2014)第176581号

内 容 提 要

本次编写的单片机教材分成主教材和实验教材两册，主教材《MCS-51单片机原理教程》全面地介绍了8051单片机的基本原理、内部硬件结构、指令系统、I/O 口、中断系统、定时/计数器、串行口等，并从应用的角度介绍了汇编语言程序设计，最后详细介绍了键盘、显示器、A/D、D/A、驱动电路、存储器等单片机外围电路及接口扩展的设计方法。本书《单片机实验及实践教程》为实验教材，从单片机实验教学和工程实际应用角度出发，主要讲解实验实践相关教学内容，包括单片机编程开发工具——Keil 集成开发环境、单片机 Proteus ISIS 仿真、单片机基础实验、单片机应用系统综合实例等，涵盖了单片机"理论学习—基础实验—应用系统设计与开发—软硬仿真—硬件制作—整体调试—成品定型"一整套开发过程。

全书形式新颖，内容齐全，覆盖面广，实用性强，可作为单片机应用初学者以及单片机开发人员的实用参考书，也可作为各大中专院校的单片机实验及实践类课程教材。

◆ 主　　编　沈　放　何尚平
　　副 主 编　郑国东　涂剑鹏　罗小青
　　主　　审　吴静进
　　责任编辑　刘　博
　　责任印制　彭志环　杨林杰
◆ 人民邮电出版社出版发行　　北京市丰台区成寿寺路 11 号
　　邮编　100164　电子邮件　315@ptpress.com.cn
　　网址　http://www.ptpress.com.cn
　　北京鑫正大印刷有限公司印刷
◆ 开本：787×1092　1/16
　　印张：11.25　　　　　　　　2014 年 9 月第 1 版
　　字数：273 千字　　　　　　2020 年 1 月北京第 2 次印刷

定价：29.80 元
读者服务热线：(010)81055256　印装质量热线：(010)81055316
反盗版热线：(010)81055315
广告经营许可证：京东工商广登字 20170147 号

单片机具有功能强、使用灵活、性价比高、体积小、面向控制等特点，广泛应用于工业控制、智能仪器仪表、现代传感器、数据采集与处理、机电一体化、消费电子、家用电器、通信、办公自动化、医疗器械、计算机控制等领域，自 20 世纪 70 年代问世以来，已经产生巨大社会和经济效益。

单片机作为典型的、具有代表性的嵌入式系统，随着计算机技术、微电子技术的高速发展已广泛应用到各领域，并在各类院校很多专业普遍开设相关课程，并将其作为学习各种微处理器、控制器的基础。

单片机作为一门实践性、技术性很强的课程，在学好基础知识、基本技能的同时，最终在于掌握实际应用。本书即是从单片机实验教学和工程实际应用角度出发，主要讲解实验实践相关教学内容，包括单片机编程开发工具——Keil 集成开发环境、单片机 Proteus ISIS 仿真、单片机基础实验、单片机应用系统综合实例等，涵盖了单片机"理论学习—基础实验—应用系统设计与开发—软硬仿真—硬件制作—整体调试—成品定型"一整套学习开发过程。形式新颖，内容齐全，覆盖面广，实用性强，可作为单片机应用初学者以及单片机工程项目开发人员的实用参考书和各大中专院校自动化、电气工程及其自动化、电子信息工程、应用电子技术、通信工程、测控技术与仪器、机电一体化、车辆工程等相关专业的单片机实验及实践类课程教材，并可根据教学实际需要而进行适当地取舍和灵活安排。

本书由南昌大学科学技术学院沈放、何尚平主编，参加本书编写的还有郑国东、涂剑鹏、罗小青。全书共 3 章，其中，何尚平编写了第 1 章及第 3 章 3.2 节，沈放编写了第二章 2.3.1～2.3.10 小节，郑国东编写了 2.1 节及 2.3.14～2.3.19 小节、涂建鹏编写了第 2 章 2.3.11～2.3.13 小节及第 3 章 3.1 节、3.3 节和 3.4 节，罗小青编写了第 2 章 2.2 节。

同时，北京精仪达盛科技有限公司提供了大量技术资料及宝贵意见和建议，其开发的 EL-MUT-III 型单片机实验箱，为书中第 2 章单片机基础实验部分提供了实践平台。

承蒙南昌大学科学技术学院吴静进对本书进行了审阅，万彬、许仙明、黄灿英、朱淑云、陈艳、吴敏、胡佳佳（排名不分先后）等提出了许多宝贵的意见，特此致谢！

由于编者水平有限，书中错漏和不妥之处在所难免，恳请专家、同行老师和读者批评指正。

编　者
2014 年 6 月

目 录

第1章 Keil 集成开发环境及 Proteus ISIS 仿真

随着计算机技术、微电子技术的高速发展，单片机在工业控制、智能仪器仪表、现代传感器、数据采集与处理、机电一体化、消费电子、家用电器、通信、办公自动化、医疗器械、计算机控制等领域应用越来越广泛。单片机作为典型的、具有代表性的嵌入式系统，其应用系统设计包括硬件电路设计和软件电路设计两个方面，学习和应用过程中必须软件、硬件结合。单片机系统调试通常分为软件调试、硬件测试和整机联调三个部分。

单片机自身不具备开发功能，必须借助于开发工具。目前，国内外推出了许多基于个人计算机的单片机软件或硬件开发平台。硬件开发平台方面诸如开发板、实验箱、仿真器、编程器、示波器、逻辑分析仪等，但因其价格不菲，开发过程繁琐，因此在软件支持的前提下，应用最普遍的是软件仿真开发平台，其方便、快捷、节约。

单片机应用系统软件仿真开发平台有两个常用的工具软件：Keil 和 Proteus ISIS。Keil 主要用于单片机源程序的编辑、编译、链接以及调试；Proteus ISIS 主要用于单片机硬件电路原理图的设计以及单片机应用系统的软、硬件联合仿真调试。

本章将以 Keil μVision2、Proteus ISIS Professional Vision7.7 SP2 版本为例详细介绍其在单片机开发中的应用方法，并通过一个实例详细介绍 Keil 与 Proteus ISIS 的联调使用方法。

1.1 Keil 集成开发环境

一般情况下单片机常用的程序设计语言有两种：汇编语言和 C 语言。

汇编语言具有执行速度快、占存储空间少、对硬件可直接编程等特点，因而特别适合在对实时性能要求比较高的情况下使用。使用汇编语言编程要求程序设计人员必须熟悉单片机内部结构和工作原理，编写程序比较麻烦一些。

与汇编语言相比，C 语言在功能、结构性、可读性、可维护性、可移植性上都有明显优势，C 语言大多数代码被翻译成目标代码后，其效率和准确性方面和汇编语言相当。特别是 C 语言的内嵌汇编功能，使 C 语言对硬件操作更加方便，并且 C 语言作为自然高级语言，易学易用，尤其是在开发大型软件时更能体现其优势，因此在单片机程序设计中得到广泛应用。

Keil μVision2 是德国 Keil Software 公司推出的微处理器开发平台，可以开发多种 8051

兼容单片机程序，可以用来实现工程创建和管理、C 源码编辑、编译、源程序汇编、目标文件和库文件链接和重定位、HEX 文件生成、目标程序调试等完整的开发流程，具有丰富的库函数和功能强大的集成开发工具，全 Windows 操作界面，所以备受用户青睐。

1.1.1　Keil μVision2 工作环境

正确安装后，用鼠标左键双击计算机桌面上 Keil μVision2 运行图标，或用鼠标左键分别单击计算机桌面上"开始"—"所有程序"—"Keil μVision2"，即可启动 Keil μVision2，启动界面如图 1-1 所示，进入 Keil μVision2 集成开发环境后，其界面如图 1-2 所示。

图 1-1　Keil μVision2 启动界面

图 1-2　Keil μVision2 集成开发环境界面

从图 1-2 可以看出，Keil μVision2 集成开发环境与其他常用的 Windows 窗口软件类似，设置有菜单栏、可以快速选择命令的按钮工具栏、工程窗口、源代码文件窗口、对话窗口、信息显示窗口。Keil μVision2 允许同时打开浏览多个源程序文件。

Keil μVision2 IDE 提供了多种命令执行方式：（1）菜单栏提供了诸如文件（File）操作、编辑（Edit）操作、视图（View）操作、项目/工程（Project）操作、程序调试（Debug）、闪存（Flash）操作、片上外设寄存器设置和观察（Peripherals）、开发工具选项（Tools）、软件版本控制系统菜单（SVCS）、窗口选择和处理（Window）、在线帮助（Help）等 11 种操作菜单；（2）使用工具栏按钮可以快速地执行 μVision2 命令；（3）使用键盘快捷键也

可以执行 μVision2 命令，键盘快捷键根据使用习惯等需要还可以重新设置。表 1-1～表 1-10
列出了 μVision2 菜单项命令、工具条图标、默认的快捷键以及它们的描述。

表 1-1　　　　　　　　　　　　　文件菜单和命令（File）

菜单	工具条	快捷键	描述
New	📄	Ctrl+N	创建一个新的源程序文件
Open	📂	Ctrl+O	打开已经存在的文件
Close			关闭当前文件
Save	💾	Ctrl+S	保存当前文件（新建保存时需命名）
Save as			另外取名保存当前文件
Save all	📑		保存所有文件
Device Database			维护器件库
Print Setup			设置打印机
Print	🖨	Ctrl+P	打印当前文件
Print Preview			打印预览
1-9			打开最近用过的文件
Exit			退出 μVision2 提示是否保存文件

表 1-2　　　　　　　　　　　　编辑菜单和编辑器命令(Edit)

菜单	工具条	快捷键	描述
Home			移动光标到本行的开始
End			移动光标到本行的末尾
Ctrl+Home			移动光标到文件的开始
Ctrl+End			移动光标到文件的结束
Ctrl+<-			移动光标到词的左边
Ctrl+->			移动光标到词的右边
Ctrl+A			选择当前文件的所有文本内容
Undo	↺	Ctrl+Z	撤销上次操作
Redo	↻	Ctrl+Shift+Z	重复上次撤销的操作
Cut	✂	Ctrl+X	剪切所选文本
		Ctrl+Y	剪切当前行的所有文本
Copy	📋	Ctrl+C	复制所选文本
Paste	📋	Ctrl+V	粘贴所剪切或复制的文本
Indent Selected Text	⇥		将所选文本右移一个制表键的距离
Unindent Selected Text	⇤		将所选文本左移一个制表键的距离
Toggle Bookmark		Ctrl+F2	设置/取消当前行的标签
Goto Next Bookmark		F2	移动光标到下一个标签处

续表

菜单	工具条	快捷键	描述
Goto Previous Bookmark		Shift+F2	移动光标到上一个标签处
Clear All Bookmarks			取消当前文件的所有标签
Find		Ctrl+F	在当前文件中查找文本
		F3	前重复查找
		Shift+F3	向后重复查找
		Ctrl+F3	查找光标处的单词
		Ctrl+]	寻找匹配的大括号、圆括号、方括号（用此命令将光标放到大括号、圆括号或方括号的前面）
Replace		Ctrl+H	替换特定的字符
Find in Files			在多个文件中查找

表 1-3　　　　　　　　　　　　　　　　视图命令（View）

菜单	工具条	快捷键	描述
Status Bar			显示/隐藏状态条
File Toolbar			显示/隐藏文件工具栏
Build Toolbar			显示/隐藏编译菜单条
Debug Toolbar			显示/隐藏调试工具栏
Project Window			显示/隐藏项目/工程窗口
Output Window			显示/隐藏输出窗口
Source Browser			显示/隐藏资源浏览器窗口
Disassembly Window			显示/隐藏反汇编窗口
Watch & Call Stack Window			显示/隐藏观察和访问堆栈窗口
Memory Window			显示/隐藏存储器窗口
Code Coverage Window			显示/隐藏代码报告窗口
Performance Analyzer Window			显示/隐藏性能分析窗口
Symbol Window			显示/隐藏字符变量窗口
Serial Window #1			显示/隐藏串口 1 的观察窗口
Serial Window #2			显示/隐藏串口 2 的观察窗口
Toolbox			显示/隐藏自定义工具箱
Periodic Window Update			在程序运行时周期刷新调试窗口
Workbook Mode			显示/隐藏工作簿模式
Include Dependencies			显示/隐藏头文件
Options			设置颜色、字体、快捷键和编辑器的选项

表 1-4　　　　　　　　　　　　　　项目菜单和项目命令（Project）

菜单	工具条	快捷键	描述
New Project			创建新工程
Import Vision1 Project			转化 μVision1 的工程
Open Project			打开一个已经存在的工程
Close Project			关闭当前的工程
Target Environment			定义工具、包含文件和库文件的路径
Targets, Groups,Files			维护一个项目的对象文件组和文件
Select Device for Target			从设备数据库存中选择对象的 CPU
Remove			从工程中移走一个组或文件
Options		Alt+F7	设置对象、组或文件的工具选项
File Extensions			选择不同文件类型的扩展名
Build Target	🔳	F7	编译链接修改过的文件并生成应用
Rebuild Target	🔳		重新编译链接所有的文件并生成应用
Translate	🔳	Ctrl+F7	编译当前文件
Stop Build	🔳		停止生成应用的过程
1-9			打开最近打开过的工程

表 1-5　　　　　　　　　　　　　　调试菜单和调试命令（Debug）

菜单	工具条	快捷键	描述
Start/Stop Debugging	🔍	Ctrl+F5	开始/停止调试模式
Go	📄	F5	运行程序，直到遇到一个断点
Step	📄	F11	单步执行程序，遇到子程序则进入
Step over	📄	F10	单步执行程序，跳过子程序
Step out of Current function	📄	Ctrl+F11	执行到当前函数的结束
Run to Cursor line	📄	Ctrl+F10	从程序指针处运行到光标处
Stop Running	⊗	ESC	停止程序运行
Breakpoints			打开断点对话框
Insert/Remove Breakpoint	✋		插入/清除当前行的断点
Enable/Disable Breakpoint	✋		使能/禁止当前行的断点
Disable All Breakpoints	✋		禁止所有的断点
Kill All Breakpoints	✋		取消所有的断点
Show Next Statement	➡		显示下一条指令/语句

菜单	工具条	快捷键	描述
Enable/Disable Trace Recording			使能/禁止程序运行轨迹的记录
View Trace Records			显示执行过的指令
Memory Map			打开存储器空间配置对话框
Performance Analyzer			打开设置性能分析器的对话框
Inline Assembly			对某一个行重新汇编，并可以修改汇编代码
Function Editor			编辑调试函数和调试配置文件

表 1-6　　　　　　　　外围器件菜单（Peripherals）

菜单	工具条	快捷键	描述
Reset CPU	RST		复位 CPU
Interrupt			中断
I/O-Ports			I/O 口，Port 0～Port 3
Serial			串行口
Timer			Timer 0～Timer 2 定时器

表 1-7　　　　　　　　工具菜单(Tool)

菜单	工具条	快捷键	描述
Customize Tools Menu			添加用户程序到工具菜单中

表 1-8　　　　　　　　软件版本控制系统菜单（SVCS）

菜单	工具条	快捷键	描述
Configure Version Control			配置软件版本控制系统的命令

表 1-9　　　　　　　　视窗菜单（Window）

菜单	工具条	快捷键	描述
Cascade			以互相重叠的形式排列文件窗口
Tile Horizontally			以不互相重叠的形式水平排列文件窗口
Tile Vertically			以不互相重叠的形式垂直排列文件窗口
Arrange Icons			排列主框架底部的图标
Split			把当前的文件窗口分割为多个
1-9			激活指定的窗口对象

表 1-10 　　　　　　　　　　　　帮助菜单（Help）

菜单	工具条	快捷键	描述
Help topics			打开在线帮助
About Vision			显示版本信息和许可证信息

1.1.2 Keil 工程的创建

使用 Keil μVision2 IDE 的项目/工程开发流程和其他软件开发项目的流程极其相似，具体步骤如下。

（1）新建一个工程，从设备器件库中选择目标器件（CPU），配置工具设置。

（2）用 C51 语言或汇编语言编辑源程序。

（3）用工程管理器添加源程序。

（4）编译、链接源程序，并修改源程序中的错误。

（5）生成可执行代码，调试运行应用。

为了介绍方便，下面以一个简单实例——单片机流水灯，来介绍 Keil 工程的创建过程。

1. 源程序文件的建立

执行菜单命令 File→New 或者单击工具栏的新建文件按钮，即可在项目窗口的右侧打开一个默认名为 Text1 的空白文本编辑窗口，还必须录入、编辑程序代码，在该窗口中输入以下 C 语言代码。

```
/*定义头文件及变量初始化*/
#include    <reg51.h>
#include    <intrins.h>
#define   uchar   unsigned   char
#define   uint    unsigned   int
uchar   temp=0xFE;              //temp 中先装入 LED1 亮、LED 2～LED 8 灭的数据
                               //（二进制的 11111110）
uchar   count=0x64;  //定义计数变量初值为 100，计数 100 个 10ms，即 1s
/*T0 中断服务子程序*/
void timer0(void)  interrupt  1  using  1
{TH0=-5000/256;                //重装初值
TL0=-5000%256;
count--;                       //1s 时间未到,继续计数
if(count==0)
  {count=0x64;                 //1s 时间到,重置 count 计数初值为 100
   temp=_crol_(temp,1);        //将点亮的 LED 循环左移一位
   }
   }
/*主程序*/
void    main(void)
{P1=0xff;                      //初始状态,所有 LED 熄灭
TMOD=0x01;                     //设置 T0 工作方式 1
TH0=-5000/256;                 //设置 10ms 计数初值
TL0=-5000%256;
EA=1;                          //开放总中断
```

```
    ET0=1;                          //开放 T0 中断
    TR0=1;                          //启动 T0
    while(1)                        //死循环
      {P1=temp;}                    //把 temp 数据送 P1 口
    }
```

上述程序的汇编代码如下。

```
        ORG    0000H              ;单片机上电后程序入口地址
        SJMP   START              ;跳转到主程序存放地址处
        ORG    000BH              ;定时器 T0 入口地址
        SJMP   T0SVR              ;跳转到定时器 T0 中断服务程序存放地址处
        ORG    0030H              ;设置主程序开始地址
START:MOV    SP,#60H              ;设置堆栈起始地址为 60H
        MOV    P1,#0FFH            ;初始状态,所有 LED 熄灭
        MOV    A,#0FEH             ;ACC 中先装入 LED1 亮、LED 2～LED 8 灭的数据
                                   ;(二进制的 11111110)
        MOV    R0,#64H             ;计数 100 个 10ms,即 1s
        MOV    TMOD,#01H           ;设置 T0 工作方式 1
        MOV    TH0,#0ECH           ;设置 10ms 计数初值
        MOV    TL0,#78H
        SETB   EA                  ;开放总中断
        SETB   ET0                 ;开放 T0 中断
        SETB   TR0                 ;启动 T0
DISP: MOV    P1,A                 ;把 ACC 数据送 P1 口
        SJMP   DISP
/*T0 中断服务子程序*/
T0SVR:MOV    TL0,#78H             ;重装初值
        MOV    TH0,#0ECH
        DJNZ   R0,LOOP             ;1s 时间未到,继续计数
        MOV    R0,#64H             ;1s 时间到,重置 R0 计数初值为 100
        RL     A                   ;将点亮的 LED 循环左移
LOOP: RETI                        ;子程序返回
        END                        ;程序结束
```

μVision2 与其他文本编辑器类似,同样具有录入、删除、选择、复制、粘贴等基本的文本编辑功能。需要说明的是,源文件就是一般的文本文件,不一定使用 Keil 软件编写,可以使用任意文本编辑器编写。需要注意的是,Keil 的编辑器对汉字的支持不好,建议使用记事本之类的编辑软件进行源程序的输入,然后按要求保存,以便添加到工程中。

在编辑源程序文件过程中,为防止断电丢失,需时刻保存源文件,第一次执行菜单命令 File→Save 或者单击工具栏的保存文件按钮 ▣,将打开如图 1-3 所示的对话框。在"文件名"对话框中输入源文件的命名。注意必须加上后缀名(汇编语言源程序一般用.ASM 或.A51 为后缀名,C51 语言文件用.C 为后缀名),这里将源程序文件保存为 Example.c。

2. 建立工程文件

Keil 支持数百种 CPU,而这些 CPU 的特性并不完全相同,在工程开发中,并不是仅有一个源程序文件就行了,还必须为工程选择 CPU,以确定编译、汇编、链接的参数,指定调

图 1-3　命名并保存新建源程序文件

试的方式，有一些项目还会有多个文件组成等。因此，为管理和使用方便，Keil 使用工程（Project）这一概念，即将源程序（C51 或汇编）、头文件、说明性的技术文档等都放置在一个工程里，只能对工程而不能对单一的源文件进行编译（汇编）和链接等操作。

启动 Keil μVision2 IDE 后，μVision2 总是打开用户上一次处理的工程，要关闭它可以执行菜单命令 Project→Close Project。建立新工程可以通过执行菜单命令 Project→New Project，此时将出现如图 1-4 所示的 Create New Project 对话框，要求给将要建立的工程在"文件名"对话框中输入名字，这里假定将工程文件命名为 Example，并选择保存目录，不需要扩展名。

单击"保存"按钮，打开如图 1-5 所示的 Select Device for Target 'Target 1'的第二个对话框，此对话框要求选择目标 CPU（即所用芯片的型号），列表框中列出了 μVision2 支持的以生产厂家分组的所有型号的 CPU。Keil 支持的 CPU 很多，这里选择的是 Atmel 公司生产的 AT89S51 单片机，然后再单击"确定"按钮，回到主界面。

图 1-4　建立新工程

另外，如果在选择完目标 CPU 后想重新改变目标 CPU，可以执行菜单命令 Project→Select Device for…，在随后出现的目标设备选择对话框中重新加以选择。由于不同厂家许多型号的 CPU 性能相同或相近，因此，如果所需的目标 CPU 型号在 μVision2 中找不到，可以选择其他公司生产的相近型号。

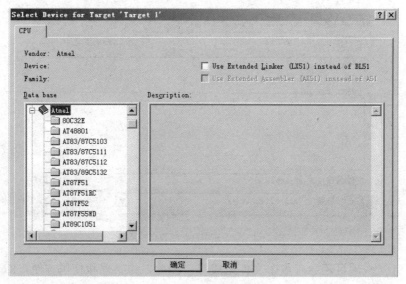

图 1-5　选择目标 CPU

3．添加源程序文件到工程中

选择完目标 CPU 后，在工程窗口中，出现了"Target 1"，前面有"+"号，单击"+"号展开，可以看到下一层的"Source Group 1"，这时的工程还是一个空的工程，没有任何源程序文件，前面录入编辑好的源程序文件需手工添加，鼠标左键单击"Source Group 1"使其反白显示，然后，单击鼠标右键，出现一个下拉菜单，如图 1-6 所示，选中其中的"Add file to Group 'Source Group 1'"，弹出一个对话框，要求添加源文件。注意，在该对话框下面的"文件类型"默认为 C SOURCE FILE（*.C），也就是以 C 为扩展名的文件，假如所要添加的是汇编源程序文件，则在列表框中将找不到，需将文件类型设置一下，单击对话框中"文

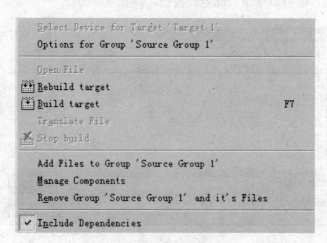

图 1-6　加入文件

件类型"后的下拉列表，找到并选中"ASM SOURCE FILE（*.A51，*.ASM）"，这样，在列表框中就可以找到汇编源程序文件了。

双击 Example.c 文件，将文件加入工程，添加源程序文件后的工程如图 1-7 所示，注意，在文件加入项目后，该对话框并不消失，等待继续加入其他文件，但初学时常会误认为操作没有成功而再次双击同一文件，这时会出现如图 1-8 所示的对话框，提示你所选文件已在列表中，此时应单击"确定"，返回前一对话框，然后单击"close"即可返回主界面，返回后，单击"Source Group 1"前的加号，会发现 Example.c 文件已在其中。双击文件名，即打开该源程序。

图 1-7　添加源程序文件后的工程

图 1-8　重复加入源程序文件错误警告

如果想删除已经加入的源程序文件，可以在如图 1-7 所示的对话框中，右击源程序文件，在弹出的快捷菜单中选择 Remove File 'Example.c'，即可将文件从工程中删除。值得注意的是，这种删除属于逻辑删除，被删除的文件仍旧保留在磁盘上的原目录下，需要的话，还可以再将其添加到工程中。

4. 工程的设置

在工程建立好之后，还需要对工程进行设置，以满足要求。打开工程设置对话框，方法有二：其一，右击工程管理器（Project Workspace）窗口中的工程名 Target 1，弹出如图 1-9 所示的快捷菜单，选择快捷菜单上的 Options for Target 'Target 1'选项，即可打开工程设置对话框；其二，在 Project 菜单项选择 Options for Target 'Target 1'命令，也可打开工程设置对话框。从对话框可以看出，工程的设置分成 10 个部分，每个部分又包含若干项目。在这里主要介绍以下几个部分

（1）Target 设置

图 1-9　工程设置快捷菜单

主要用于用户最终系统的工作模式设置，决定用户系统的最终框架。打开对话框中的 Target 选项卡，Target 设置界面如图 1-10 所示。

Xtal（MHz）是晶振频率值设置项，默认值是所选目标 CPU 的最高可正常工作的频率值，对于示例所选的 AT89S51 而言是 24MHz，本示例设定为 12MHz。设置的晶振频率值主要是在软件仿真时起作用，而与最终产生的目标代码无关，在软件仿真时，μVision2 将根据用户设置的频率来决定软件仿真时系统运行的时间和时序。

Memory Model 是存储器模式设置项，有 3 个选项可供选择：Small 模式，没有指定存储空间的变量默认存放在 data 区域内；Compact 模式，没有指定存储空间的变量默认存放在 pdata 区域内；Large 模式，没有指定存储空间的变量默认存放在 xdata 区域内。

图 1-10 Target 设置界面

Use On-chip ROM 为是否仅使用片内 ROM 选择项，打钩选择仅使用片内 ROM，不打钩则反之。但选择该项并不会影响最终生成的目标代码量。

Code Rom Size 是程序空间的设置项，用于选择用户程序空间的大小，同样也有三个选择项：Small 模式，只用低于 2KB 的程序空间；Compact 模式，单个函数的代码量不能超过 2KB，整个程序可以使用 64KB 程序空间；Large 模式，可用全部 64KB 空间。

Operating 为是否选用操作系统设置项，有两种操作系统可供选择：Rtx tiny 和 Rtx full，通常不使用任何操作系统，即使用该项的默认值 None。

Off-chip Code memory 用于定义系统扩展 ROM 的地址范围：如果用户使用了外部程序空间，但在物理空间上又不是连续的，则需进行该项设置。该选项共有 3 组起始地址（Start）和地址大小（Size）的输入，μVision2 在链接定位时将把程序代码安排在有效的程序空间内。该选项一般只用于外部扩展的程序，因为单片机内部的程序空间多数都是连续的。

Off-chip Xdata memory 用于定义系统扩展 RAM 的地址范围：主要应用于单片机外部非连续数据空间的定义，设置方法与"Off-chip Code memory"项类似。Off-chip Code memory、Off-chip Xdata memory 两个设置项必须根据所用硬件来确定，由于本示例是单片应用，未进行任何扩展，所以均按默认值设置。

Code Banking 为是否选用程序分段设置项，该功能较少用到。

（2）Output 设置

用于工程输出文件的设置。打开对话框中的 Output 选项卡，Output 设置界面如图 1-11 所示。

Select Folder for Objects…用于设置输出文件存放的目录，一般选用当前工程所保存的根目录；Name of Executable 用于设置输出目标文件的名称，默认为当前工程的名称，根据用户需要，可以进行修改；Debug Information 用于设置是否产生调试信息，如果需要对程序进行调式，该项必须选中；Browse Information 用于设置是否产生浏览信息，产生的浏览信息可以用菜单 View-> Browse 来查看，一般取默认值；Create HEX File 用于设置是否生成可执行代

图 1-11　Output 设置界面

码文件,可执行代码文件是最终写入单片机的运行文件,格式为 Intel HEX,扩展名为.hex,
默认情况下该项未被选中,在调试状态下,目标文件不会自动转换为 HEX 文件,如果要实
现程序、电路联合软件仿真或程序在硬件上运行,该项必须选中,选中后在调试状态下,目
标文件则会自动转换为可在单片机上执行的 HEX 文件。其他选项一般保持默认设置。

（3）Listing 设置

用于设置列表文件的输出格式。打开对话框中的 Listing 选项卡,Listing 设置界面如图
1-12 所示。

图 1-12　Listing 设置界面

在源程序编译完成后将生成 "*.lst" 格式的列表文件,在链接完成后将生成 "*.m51" 格
式的列表文件。该项主要用于细致的调整编译、链接后生成的列表文件的内容和形式,其中
比较常用的选项是 C Compiler Listing 选项区中的 Assembly Code 复选项。选中该复选项可以
在列表文件中生成 C 语言源程序所对应的汇编代码。其他选项可保持默认设置。

（4）C51 设置

用于对 μVision2 的 C51 编译器的编译过程进行控制。打开对话框中的 C51 选项卡，C51 设置界面如图 1-13 所示。

图 1-13 C51 设置界面

其中比较常用的两项是代码优化等级 Code Optimization|Level、代码优化侧重 Code Optimization|Emphasis。

Code Optimization|Level 是优化等级设置项，C51 编译器在对源程序进行编译时，可以对代码多至 9 级优化，提供 0～9 共 10 种选择，以便减少编译后的代码量或提高运行速度。优化等级一般默认使用第 8 级，但如果在编译中有时会出现一些错误，可以降低优化等级试试。本示例默认选择优化等级 8（Reuse Common Entry Code）。在程序调试成功后再提高优化级别改善程序代码。

Code Optimization|Emphasis 是优化侧重设置项，有 3 种选项可供选择：选择 Favor speed，在优化时侧重优化速度；选择 Favor size，在优化时侧重优化代码大小；选中 Default，为缺省值，默认的是侧重优化速度，可以根据需要更改。

（5）Debug 设置

用于选择仿真工作模式。打开对话框中的 Debug 选项卡，Debug 设置界面如图 1-14 所示。

右边主要针对仿真器，用于硬件仿真时使用，称为硬件设置，设置此种工作模式，用户可把 Cx51 嵌入到系统中，直接在目标硬件系统上调试程序；左边主要用于程序的编译、链接及软件仿真调试，称为软件设置，该模式在没有实际目标硬件系统的情况下可以模拟 8051 的许多功能，这非常便于应用程序的前期调试。软件仿真和硬件仿真的设置基本一样，只是硬件仿真设置增加了仿真器参数设置。由于本示例未涉及硬件仿真器，在此只需选中软件仿真 Use Simulator 单选项。

工程设置对话框中的其他选项卡与 C51 编译选项、A51 编译选项、BL51 链接器的链接选项等用法有关，通常均取默认值，基本不应做任何设置。

图 1-14 Debug 设置界面

所需设置完成后按确认返回主界面，工程设置完毕。

5. 工程的编译、链接和调试、运行

在工程设置好后，即可按照工程设置的选项进行编译和链接，其中还要修改语法错误，其他错误（如逻辑错误）则必须通过调试才能发现和解决，以生成二进制代码的目标文件（.obj）、列表文件（.lst）、绝对地址目标文件、绝对地址列表文件（.m51）、链接输入文件（.imp）、可执行代码文件（.hex）等，进行软件仿真和硬件仿真。

（1）源程序的编译、链接

分三种操作方式：执行菜单命令 Project→Build target 或单击建立工具栏（Build Toolbar）上的工具按钮，对当前工程进行链接，如果当前文件已修改，则先对该文件进行编译，然后再链接以生成目标代码；执行菜单命令 Project→Rebuild all target files 或单击工具按钮，对当前工程所有文件重新进行编译后再链接；执行菜单命令 Project→Translate 或单击工具按钮，则仅对当前文件进行编译，不进行链接。建立工具栏（Build Toolbar）如图 1-15 所示，从左至右分别是编译、编译链接、全部重建、停止编译和对工程进行设置。

图 1-15 建立工具栏

上述操作将在输出窗口 Output Window 中的 Build 页给出结果信息。如果源程序和工程设置都没有错误，编译、链接就能顺利通过，生成得到名为 Example.hex 的可执行代码文件，如图 1-16 所示；如果源程序有语法错误，编译器则会在 Build 页给出错误所在的行、错误代码以及错误的原因，用鼠标双击该行，可以定位到出错的位置进行修改和完善，然后再重新编译、链接，直至没有错误为止，即可进入下一步的调试运行工作。

（2）调试运行

编译、链接成功后，执行菜单命令 Debug→Start/Stop Debug Session 或者单击文件工具栏（File Toolbar）上的工具按钮，即可进入（或退出）软件仿真调试运行模式，此时出现一个调试运行工具条（Debug Toolbar），源程序编辑窗口与之前也有变化，如图 1-17 所示。图中上部为调试运行工具条，从左至右分别是复位、全速运行、暂停、单步跟踪、单步运行、跳出函数、运行到光标处、下一状态、打开跟踪、观察跟踪、反汇编窗口、观察窗口、代码作

图 1-16 程序语法正确时编译、链接的结果

用范围分析、1#串行窗口、内存窗口、性能分析、工具按键等命令；图中下部为调试窗口，黄色箭头为程序运行光标，指向当前等待运行的程序行。

在 µVision2 中，有 5 种程序运行方式：单步跟踪（Step Into）、单步运行（Step Over）、跳出函数（Step Out）、运行到光标处（Run to Cursor line）、全速运行（Go）。首先搞清楚两个重要的概念，即单步执行与全速运行。使用 F5 快捷键，或执行菜单命令 Debug→Go，或单击工具按钮进入全速运行，使用 Esc 快捷键，或执行菜单命令 Debug→Stop Running，或单击工具按钮停止全速运行，全速执行是指一行程序执行完以后紧接着执行下一行程序，中间不停止，因此程序执行的速度很快，但只可以观察到运行完总体程序的最终结果的正确与否，如果中间运行结果有错，则难以确认错误出现在哪些具体程序行。单步执行是每次执行一行程序，执行完该行程序以后即停止，等待命令执行下一行程序，此时可以观察该行程序执行完以后得到的结果，是否与所需结果相同，从而发现并解决问题。

使用 F11 快捷键，或执行菜单命令 Debug→Step Into，或单击工具按钮以单步跟踪形式执行程序，单步跟踪的功能是尽最大的可能跟踪当前程序的最小运行单位，在本示例 C 语言调试环境下最小的运行单位是一条 C 语句，因此单步跟踪每次最少要运行一个 C 语句。如图 1-17 所示，每按一次 F11 快捷键，黄色箭头就会向下移动一行，包括被调用函数内部的程序行。

使用 F10 快捷键，或执行菜单命令 Debug→Step Over，或单击工具按钮以过程单步形式执行程序，单步运行的功能是尽最大的可能执行完当前的程序行。与单步跟踪相同的是单步运行每次至少也要运行一条 C 语句；与单步跟踪不同的是单步运行不会跟踪到被调用函数的内部，而是把被调用函数作为一条 C 语句来执行。如图 1-17 所示，每按一次 F10 快捷键，黄色箭头就会向下移动一行，但不包括被调用函数内部的程序行。

通过单步执行调试程序，效率很低，并不是每一行程序都需要单步执行以观察结果，如本示例中的软件延时程序段若通过单步执行要执行多次才执行完，显然不合适。为此，可以采取以下方法。

第一，使用 Ctrl+F10 快捷键，或执行菜单命令 Debug→Run to Cursor line，或单击工具按钮以运行到光标处。如图 1-17 所示，程序指针现指在程序行：

```
        {P1=0xff;        //初始状态,所有 LED 熄灭        //①
```

若想让程序一次运行到程序行：

```
        TR0=1;           //启动 T0                      //②
```

则可以单击此程序行，当闪烁光标停留在该行后，执行菜单命令 Debug→Run to Cursor line。运行停止后，发现程序运行光标已经停留在程序行②的左侧。

```c
/*定义头文件及变量初始化*/
#include     <reg51.h>
#include     <intrins.h>
#define    uchar    unsigned   char
#define    uint    unsigned    int
uchar   temp=0xFE;         //temp中先装入LED1亮、LED 2～LED 8 灭的数据
                           //(二进制的11111110)
uchar   count=0x64;        //定义计数变量初值为100，计数100个10ms，即1S
/*T0中断服务子程序*/
void   timer0(void)   interrupt   1   using   1
{TH0=-5000/256;            //重装初值
 TL0=-5000%256;
 count--;                  //1S时间未到,继续计数
 if(count==0)
  {count=0x64;             //1S时间到,重置count计数初值为100
   temp=_crol_(temp,1);    //将点亮的LED循环左移一位
  }
}
/*主程序*/
void   main(void)
{P1=0xff;                  //初始状态,所有LED熄灭
 TMOD=0x01;                //设置T0工作方式1
 TH0=-5000/256;            //设置10ms计数初值
 TL0=-5000%256;
 EA=1;                     //开启总中断
 ET0=1;                    //开启T0中断
 TR0=1;                    //启动T0
```

图 1-17　源程序的软件仿真运行

第二，使用 Ctrl+F11 快捷键，或执行菜单命令 Debug→Step Out of current function，或单击工具按钮 以跳出函数，单步执行到函数外，即全速执行完调试光标所在的子程序或子函数。

第三，执行调用子函数行时，按下 F10 键，调试光标不进入子函数的内部，而是全速执行完该子程序。

（3）断点设置

程序调试时，某些程序行必须符合一定的条件才能被执行到（例如利用定时/计数器对外部事件计数中断服务程序，串行接收中断服务程序，外部中断服务程序，按键键值处理程序等），这些条件往往是异步发生或难以预先设定的，这类问题很难使用单步执行的方法进行调试，此时就要使用到程序调试中的另一种非常重要的方法：断点设置。

在 μVision2 的源程序窗口中，可以在任何有效位置设置断点，断点的设置/取消方法有多种。如果想在某一程序行设置断点，首先将光标定位于该程序行，然后双击，即可设置红色的断点标志 。取消断点的操作相同，如果该行已经设置为断点行，双击该行将取消断点，也可执行菜单命令 Debug→Insert/Remove BreakPoint 设置/取消断点；执行菜单命令 Debug→Enable/Disable BreakPoint 开启或暂停光标所在行的断点功能；Debug→Disable All BreakPoint 暂停所有断点；Debug→Kill All BreakPoint 清除所有设置的断点，还可以单击文件工具条上的按钮或使用快捷键进行设置。

如果设置了很多断点，就可能存在断点管理的问题。例如，通过逐个地取消全部断点来使程序全速运行将是非常烦琐的事情。为此，μVision2 提供了断点管理器。执行菜单命令 Debug→Breakpoints，出现如图 1-18 所示的断点管理器，其中单击 Kill All（取消所有断点（按钮可以一次取消所有已经设置的断点。

图 1-18 断点管理器

1.1.3 存储空间资源的查看和修改

在 μVision2 的软件仿真环境中，执行菜单命令 View→Memory Windows 可以打开存储器窗口，如图 1-19 所示，如果该窗口已打开，则会关闭该窗口。标准 AT89S51 的所有有效存储空间资源都可以通过此窗口进行查看和修改。

图 1-19 存储器窗口

通过在存储器地址输入栏 Address 后的编辑框内输入"字母：数字"即可显示相应内存值，便于查看和修改，其中字母代表存储空间类型，数字代表起始地址。μVision2 把存储空间资源分成 4 种存储空间类型加以管理：可直接寻址的片内 RAM（类型 data，简称 d）、可间接寻址的片内 RAM（类型 idata，简称 i）、扩展的外部数据空间 XRAM（类型 xdata，简称 x）、程序空间 code（类型 code，简称 c）。例如，输入 D：0x08 即可查看到地址 08 开始的片内 RAM 单元值，若要修改 0x08 地址的数据内容，方法很简单，首先右击 0x08 地址的数据显示位置，弹出如图 1-20 所示的快捷菜单。然后选择 Modify Memory at D:0x08 选项，此时系统会

图 1-20 在存储器对话框中修改数据

出现输入对话框，输入新的数值后单击 OK 按钮返回，即修改完成。

使用存储器对话框查看和修改其他类型存储空间，操作方法与 data 空间完全相同，只是将查看或修改的存储空间类型和起始地址要相应地改变。

值得注意的是：在标准 80C51 中，可间接寻址空间为 0～0xFF 范围内的 RAM。其中，地址范围 0x00～0x7F 内的 RAM 和地址范围 0x80～0xFF 内的 SFR 既可以间接寻址，也可以直接寻址；地址范围 0x80～0xFF 的 RAM 只能间接寻址。外部可间接寻址 64KB 地址范围的数据存储器，程序空间有 64KB 的地址范围。

1.1.4 变量的查看和修改

在用高级语言编写的源程序中，常常会定义一些变量，在 μVision2 中，使用"观察"对话框（Watches）可以直接观察和修改变量。在软件仿真环境中，执行菜单命令 View→Watch & Call Stack Windows 可以打开"观察"窗口，如图 1-21 所示。如果窗口已经打开，则会关闭该窗口。其中，Name 栏用于输入变量的名称，Value 栏用于显示变量的数值。

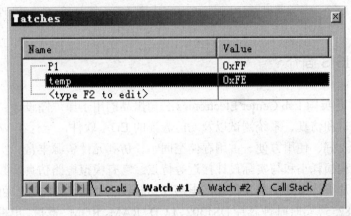

图 1-21 "观察"对话框

在观察窗口底部有 4 个标签：显示局部变量观察窗口 Locals，自动显示当前正在使用的局部变量，不需要用户自己添加；变量观察窗口 Watch #1、Watch #2，可以根据分类把变量添加到#1 或#2 观察对话框中；堆栈观察窗口 Call Stack。

1. 变量名称的输入

单击 Name 栏中的<type F2 to edit>，然后按 F2 键，此时可在<type F2 to edit>处输入需查看或修改的变量名称，确认无误后按 Enter 键。输入的变量名称必须是文件中已经定义的。在图 1-21 中，temp 是自定义的，而 Pl 是头文件 reg51.h 定义的。

2. 变量数值的显示

在 Value 栏，除了显示变量的数值外，用户还可以修改变量的数值，方法是：单击该行的 Value 栏，然后按 F2 键，此时可输入修改的数值，确认正确后按 Enter 键。

1.1.5 外围设备的查看和修改

在软件仿真环境中，通过 Peripherals 菜单选择，还可以打开所选 CPU 的外围设备，如示例单片机中的定时/计数器（Timer）、外部中断（Interrupt）、并行输入输出口（I/O-Ports）、串行口（Serial）对话框，以查看或修改这些外围设备的当前使用情况、各寄存器和标志位的状态等。

例如对于示例程序，编译、链接进入软件仿真环境后，可执行菜单命令 Peripherals→I/O-Ports→Port 1 观察 P1 口的运行状态，如图 1-22 所示，全速运行，可以观察到 P1 口各位的状态在不断的变化。执行菜单命令 Peripherals→I/O-Ports→Port 2，如图 1-23 所示，我们看到，P2 口各位的状态一直为 0，如果要想置 P2 为 1，则可通过单击 P2 对应的方框内打上钩即可。查看和修改其他外围设备的方法类似，除此之外，在 Keil μVision2 IDE 中，还有很多功能及使用方法，这里不再一一说明，感兴趣的读者可以参阅有关的专业书籍。

图 1-22　外围设备 P1 端口

图 1-23　外围设备 P2 端口

1.2　Proteus ISIS 简介

Proteus ISIS 是英国 Lab Center Electronics 公司出品的用于原理图设计、电路分析与仿真、处理程序代码调试和仿真、系统测试以及功能验证的 EDA 软件，运行在 Windows 操作系统之上，具有界面友好、使用方便、占用存储空间小、仿真元件资源丰富、实验周期短、硬件投入少、实验过程损耗小和与实际设计接近等特点。它有模拟电路仿真、数字电路仿真、数模混合电路、单片机等微处理器及其外围电路（如总线驱动器 74LS373、可编程外围定时器 8253、并行接口 8255、实时时钟芯片 DS1302、LCD、RAM、ROM、键盘、电机、LED、AD/DA、SPI、IIC 器件等）组成的系统仿真等功能，配合可供选择的虚拟仪器，可搭建一个完备的电子设计开发环境，同时支持第三方的软件的编辑和调试环境，可与 Keil μVision2 等软件进行联调，达到实时的仿真效果，因此得到广泛使用。

1.2.1　Proteus ISIS 工作环境

正确安装后，用鼠标左键双击桌面上 运行图标，或用鼠标左键分别单击计算机桌面上"开始"→"所有程序"→"Proteus 7 Professional"→"ISIS 7 Professional"，即可进入 Proteus ISIS Professional 用户界面，如图 1-24 所示。从图可以看出，Proteus ISIS Professional 用户界面与其他常用的窗口软件一样，ISIS Professional 设置有菜单栏、可以快速执行命令的按钮工具栏和各种各样的窗口。ISIS Professional 只允许同时打开浏览一个文件。

ISIS Professional 也提供了多种命令执行方式：①菜单栏提供了诸如 File（文件）、View（视图）、Edit（编辑）、Tools（工具）、Design（设计）、Graph（图形）、Source（源）、Debug（调试）、Library（库）、Template（模板）、System（系统）和 Help（帮助）等 12 种操作菜单；②使用工具栏按钮可以快速地执行 ISIS 命令；③使用键盘快捷键也可以执行 ISIS 命令，键盘快捷键根据使用习惯等需要还可以重新设置。表 1-11～表 1-17 只列出了所涉及的、较常使用的 Proteus ISIS 菜单项命令、工具栏图标、默认的快捷键以及它们的描述，在此未涉及的将不一一赘述，读者可以参阅有关的专业书籍。

图 1-24　Proteus ISIS Professional 用户界面

表 1-11　　　　　　　　　　　　　　文件菜单和命令（File）

菜单	工具条	快捷键	描述
New Design…			新建原理图设计
Open Design…		Ctrl+O	打开已经存在的原理图设计
Save Design		Ctrl+S	保存当前的原理图设计（新建保存时需命名）
Import Section…			导入部分文件
Export Section…			导出部分文件
Print…			打印
Set Area			设置打印区域
Exit			退出 ISIS Professional并提示是否保存文件

表 1-12　　　　　　　　　　　　　　视图菜单和命令（View）

菜单	工具条	快捷键	描述
Redraw		R	刷新窗口
Grid		G	栅格显示开关
Origin		O	手工设置原点
Pan		F5	重新定位显示中心
Zoom In		F6	放大显示
Zoom Out		F7	缩小显示
Zoom All		F8	按照窗口大小显示全部
Zoom To Area			局部放大选定区域

表 1-13 　　　　　　　　　　　编辑菜单和编辑命令（Edit）

菜单	工具条	快捷键	描述
Undo Changes		Ctrl+Z	撤销前一操作
Redo Changes		Ctrl+Y	恢复前一操作
Cut To Clipboard			剪切到剪贴板
Copy To Clipboard			复制到剪贴板
Paste From Clipboard			从剪贴板粘贴
Block Copy			块复制
Block Move			块移动
Block Rotate			块旋转或翻转
Block Delete			块删除
Pick Parts From Libraries			选取元器件
Make Device			创建库元件
Packaging Tool			编辑器件封装
Decompose			进入元件编辑状态

表 1-14 　　　　　　　　　　　绘图模型选择工具箱（Mode Selector）

名称	工具条	快捷键	描述
Selection Mode			选择对象（可以单击任意对象并编辑其属性）
Component Mode			加载元器件
Junction dot Mode			在原理图中添加连接点
Wire label Mode			为连线添加标签（为连线命名）
Text script Mode			添加文本
Buses Mode			总线绘制
Subcircuit Mode			绘制子电路
Terminals Mode			在对象选择窗口列出终端接口（如输入、输出、电源和地等）供选择
Device Pins Mode			在对象选择窗口列出各种引脚（如普通引脚、时钟引脚、反电压引脚和短接引脚等）供选择
Graph Mode			在对象选择窗口列出各种仿真分析所需的图表（如模拟图表、数字图表、噪声图表、混合图表和 A/C 图表等）供选择
Tape Recorder Mode			录音机，当对设计电路分割仿真时采用此模式
Generator Mode			在对象选择窗口列出各种激励源（如正弦激励源、脉冲激励源、指数激励源和 FILE 激励源等）供选择
Voltage Probe Mode			在原理图中添加电压探针（电路进入仿真模式时，可显示各探针处的电压值）

续表

名称	工具条	快捷键	描述
Current Probe Mode			在原理图中添加电流探针（电路进入仿真模式时，可显示各探针处的电流值）
Virtual Instruments Mode			在对象选择窗口列出各种虚拟仪表（如示波器、逻辑分析仪、定时/计数器和模式发生器等）供选择
2D Graphics Line Mode			用于创建元器件或表示图表时绘制线
2D Graphics Box Mode			用于创建元器件或表示图表时绘制方框
2D Graphics Circle Mode			用于创建元器件或表示图表时绘制圆
2D Graphics Arc Mode			用于创建元器件或表示图表时绘制弧线
2D Graphics Path Mode			用于创建元器件或表示图表时绘制任意形状的图标
2D Graphics Text Mode			用于插入各种文字说明
2D Graphics Symbols Mode			用于选择各种符号元器件
2D Graphics Markers Mode			用于产生各种标记图标

表 1-15　　　　　　　　　方向工具栏（Orientation Toolbar）

名称	工具条	快捷键	描述
Rotate Clockwise			对所选元器件顺时针旋转 90°
Rotate Anti-Clockwise			对所选元器件逆时针旋转 90°
X-Mirror			对所选元器件以 y 轴为对称轴水平镜像翻转按钮 180°
Y-Mirror			对所选元器件以 x 轴为对称轴垂直镜像翻转 180°
旋转角度	0		用于显示旋转/镜像的角度

表 1-16　　　　　　　　　仿真工具栏（Simulate Toolbar）

名称	工具条	快捷键	描述
Play			运行仿真
Step			单步运行
Pause			暂停仿真
Stop			停止仿真

表 1-17　　　　　　　　　设计工具栏（Design Toolbar）

名称	工具条	快捷键	描述
Wire Auto Router			自动连线开关
Search and Tag...			查找并标记对象

续表

名称	工具条	快捷键	描述
Property Assignment Tool…			属性分割工具
Design Explorer			查看详细的元器件列表及网络表
New Sheet			新建图纸
Remove Sheet			移动或删除当前图纸
Zoom to Child			转入子电路
Bill of Materials			生成元器件材料清单
Electrical Rule Check…			生成电气规则检查报告
Netlist to ARES			生成网络表并进入电路板设计

1.2.2 电路原理图的设计与编辑

在 Proteus ISIS 中，电路原理图的设计与编辑非常方便，在这里将通过本章实例介绍电路原理图的绘制、编辑修改的基本方法，更深层或更复杂的方法，读者可以参阅有关的专业书籍。

示例：用 Proteus ISIS 绘制如图 1-25 所示的电路仿真原理图。该电路的功能是用单片机 AT89S51 的 P1 口控制 8 个发光二极管循环点亮构成流水灯。

图 1-25　单片机流水灯原理图

1. 新建设计文件

执行菜单命令 File→New Design…或单击文件工具栏上的新建文件按钮，在打开的 Create New Design 对话框（如图 1-26 所示）中选择 DEFAULT 模板（ISIS Professional 提供了 17 个标准模板供选择，用户也可以利用 Template 和 System 菜单命令根据实际需要自定义模板或对标准模板进行修改，一般使用 DEFAULT 模板），单击 OK 按钮后，即进入如图 1-24 所示的 ISIS Professional 用户界面。此时，对象选择窗口、原理图编辑窗口、原理图预览窗口均是空白的。执行菜单命令 File→Save Design 或单击主工具栏中的保存按钮 📄，在打开的 Save ISIS Design File 对话框中，可以指定保存目录，输入新建设计文件的名称，本示例命名为 Example，保存类型采用默认值（.DSN）。完成上述工作后，单击"保存"按钮，开始电路原理图的绘制工作。

图 1-26　创建新的设计文件

2. 对象的选择与放置

对象的选择与放置要根据对象的类别在绘图模型选择工具箱中选择相应的工具，某些对象（如 2D 图形等）可以在选择工具后直接在原理图编辑区左击放置，而对于元器件等对象，则需要先从元器件库将其添加到对象选择窗口中，然后从对象选择窗口中选定，有些对象（如晶体管）由于品种繁多，还需要进一步选择子类别后才能显示出来供选择。

在图 1-25 所示电路原理图中的对象按属性可分为两大类：元器件（Component）和终端（Terminals）。表 1-18 给出了它们的清单。下面简要介绍这两类对象的选择和放置方法。

表 1-18　　　　　　　　　　　图 1-25 的对象清单

对象属性	对象名称	对象所属类	对象所属子类	图中标识
元器件	AT89S51	Microprocessor ICs	8051 Family	U1
	MINRES220R	Resistors	0.6W Metal Film	R1～R8
	MINRES10K			R8
	LED	Optoelectronics	LEDs	LED1～LED8
	CERAMIC22P	Capacitors	Ceramic Disc	C1，C2
	GENELECT10U16V		Radial Electrolytic	C3
	CRYSTAL	Miscellaneous		Y1
	BUTTON	Switches & Relays	Switches	SW1

续表

对象属性	对象名称	对象所属类	对象所属子类	图中标识
终端	POWER			VCC
	GROUND			GND
	INPUT			
	OUTPUT			

（1）元器件的选择与放置

在放置元器件之前，首先要通过 Pick Devices 对话框（先左击对象模型工具箱中的加载元器件命令，再左击对象选择窗口左上角的按钮P或执行菜单命令 Library→Pick Device/Symbol…打开该对话框），从元器件库将所需元器件添加到对象选择窗口中，然后从对象选择窗口中选定放置。

Pick Devices 对话框如图 1-27 所示。从结构上看，该对话框分为：Keywords 文本输入框，在此可以输入待查找的元器件的全称或关键字，其下面的 Match Whole Words 选项表示是否全字匹配，在不知道待查找元器件的所属类时，可以采用此法进行搜索；Category 窗口，在此给出了 Proteus ISIS 中元器件的所属类；Sub-category 窗口，在此给出了 Proteus ISIS 中元器件的所属子类；Manufacturer 窗口，在此给出了元器件的生产厂家分类；Results 窗口，在此给出了符合要求的元器件的名称、所属库以及描述；PCB Preview 窗口，在此给出了所选元器件的电路原理图预览、PCB 预览及其封装类型。

图 1-27 Pick Devices 对话框

需要注意的是：在选择添加之前要明确并打开所需元器件的所属类及所属子类，如果不知道则可利用 Proteus ISIS 提供的搜索功能方便地查找到所需元器件。Proteus ISIS 的元器件库提供了大量元器件的原理图符号，在 Proteus ISIS 中元器件的所属类共有 40 多种，表 1-19 给出了常用元器件的所属类。

表 1-19　　　　　　　　　　　常用元器件的所属类

所属类名称	对应的中文名字	说明
Analog Ics	模拟电路集成芯片	电源调节器、定时器、运算放大器等
Capacitors	电容器	
CMOS 4000 series	4000 系列数字电路	
Connectors	排座，排插	
Data Converters	模/数、数/模转换集成电路	
Diodes	二极管	
Electromechanical	机电器件	风扇、各类电动机等
Inductors	电感器	
Memory ICs	存储器	
Microprocessor ICs	微控制器	51 系列单片机、ARM7 等
Miscellaneous	各种器件	电池、晶振、保险丝等
Optoelectronics	光电器件	LED、LCD、数码管、光电耦合器等
Resistors	电阻	
Speakers & Sounders	扬声器	
Switches & Relays	开关与继电器	键盘、开关、继电器等
Switching Devices	晶闸管	单向、双向可控硅元件等
Transducers	传感器	压力传感器、温度传感器等
Transistors	晶体管	三极管、场效应管等
TTL 74 series	74 系列数字电路	
TTL 74LS series	74 系列低功耗数字电路	

　　对于示例，首先打开 Pick Devices 对话框，按要求选好元器件（如 AT89S51）后，所选元器件的名称就会出现在对象选择窗口中，如图 1-28 所示。在对象选择窗口中单击 AT89S51 后，AT89S51 的电路原理图就会出现在预览窗口中，如图 1-29 所示。此时还可以通过方向工具栏中的旋转、镜像按钮改变原理图的方向。然后将光标指向原理图编辑窗口的合适位置单击，就会看到 AT89S51 的电路原理图被放置到编辑窗口中。同理，可以对其他元器件进行选择和放置。

图 1-28　对象选择窗口

图 1-29　预览窗口

（2）终端的选择与放置

单击对象模型工具箱中的终端命令▤，Proteus ISIS 会在对象选择窗口中给出所有可供选择的终端类型，如图 1-30 所示。终端的预览、放置方法与元器件类似。Mode 工具箱中其他命令的操作方法又与终端命令类似，在此不再赘述。

3. 对象的编辑

在放置好绘制原理图所需的所有对象后，可以编辑对象的位置、角度或属性等。下面以 LED 元器件 D1 为例，简要介绍对象的编辑步骤。

图 1-30 终端选择窗口

（1）选中对象

将光标指向对象 D1，光标由空心箭头变成手形后，左击即可选中对象 D1。此时，对象 D1 高亮显示，鼠标指针为带有十字箭头的手形。

（2）移动、编辑、删除对象

选中对象 D1 后，右击，弹出快捷菜单。通过该快捷菜单可以对 D1 进行移动（Drag Object）、编辑（Edit Properties）、删除对象（Delete Object）等。

4. 连线

选择放置好对象之后，接下来可以开始在对象之间布线。按照连接的方式，连线可分为以下 3 种。

（1）普通连接

在两个对象（器件引脚或导线）之间进行连线。不需要选择工具，直接单击第一个对象的连接点后，再单击另一个对象的连接点，则自动连线，或拖动鼠标到另一个对象的连接点处单击，在拖动鼠标的过程中，可以在拐点处单击，也可以右击放弃此次绘线。

按照此方法，分别将 C1、C2、X1 及 GROUND 连接后的时钟电路如图 1-31 所示。

（2）标识连接

为了避免连线太多太长影响原理图纸的美观，使整体布局合理、简洁，可以双击对象的连接点自动地绘制一条短导线，然后在短导线上放置一个标签（Label），凡是标签相同的点都相当于之间建立了电气连接而不必在原理图上绘出连线。

图 1-31 对象之间的普通连接

如时钟电路与 AT89S51 之间的连接，按照此方法，将 X1 的两端分别与 AT89S51 的 XTAL1、XTAL2 引脚连接后的电路，如图 1-32 所示。

（3）总线连接

总线连接的步骤如下：①绘制总线，单击 Mode 工具箱中的 Bus 按钮，在合适的位置处（一条已存在的总线或空白处）单击，从此位置（总线起始端）开始拖动鼠标到合适的总线终点处单击，即放置一条总线，在拖动鼠标的过程中，可以在拐点处单击，也可以右击放弃此次总线绘制；②绘制总线分支线，由对象连接点引出单线与总线的连接方法与普通连接类似，但为了和一般的导线区分，一般以画斜线来表示分支线，对象连接点与总线建立连接之后，还要在分支线上放置一个标签（Label），凡是标签相同的分支线都相当于之间通过总线建立了电气连接。

如图 1-33 所示，通过总线 P1[0.7] 将 AT89S51 的 P1.0～P1.7 引脚分别与 LED1～LED8 的负极连接在一起，与总线 P1[0.7] 相连的两条单线的标签均为 P10～P17。

图 1-32 对象之间的标识连接

图 1-33 对象之间的总线连接

5. 电气规则检查

原理图绘制完毕后，如图 1-34 所示，还必须进行电气规则检查（ERC）。执行菜单命令 Tools→Electrical Rule Check…，打开如图 1-35 所示的电气规则检查报告单窗口。在该报告单中，系统提示网络表（Netlist）已生成，并且无 ERC 错误，即用户可执行下一步操作。

所谓网络表，是对一个设计中有电气性连接的对象引脚的描述。在 Proteus ISIS 中，彼此互连的一组元件引脚称为一个网络（Net）。执行菜单命令 Tools→Netlist Compiler…，可以设置网络表的输出形式、模式、范围、深度及格式等。

如果电路设计存在 ERC 错误，必须排除，否则不能进行仿真。将设计好的原理图文件存盘。同时，可以使用 Tools→Bill of Materials 菜单命令输出 BOM 文档。至此，一个简单的原理图就设计完成了。

图 1-34　单片机流水灯仿真原理图

图 1-35　电气规则检查报告单窗口

1.2.3　Proteus ISIS 与 Keil C51 的联调

　　Proteus ISIS 与 Keil C51 的联调可以实现单片机应用系统的软、硬件调试，其中 Keil C51 作为软件调试工具，Proteus ISIS 作为硬件仿真和调试工具。下面介绍如何在 Proteus ISIS 中加载 Keil C51 生成的单片机可执行文件（HEX 文件）进行单片机应用系统的仿真调试。

　　1. 准备工作

　　首先，在 Keil C51 中完成 C51 应用程序的编译、链接、调试，并生成单片机可执行的 HEX 文件；然后，在 Proteus ISIS 中绘制电路原理图，并通过电气规则检查。

2. 装入 HEX 文件

做好准备工作后，还必须把 HEX 文件加载进单片机中，才能进行整个系统的软、硬件联合仿真调试。在本示例中，双击 Proteus ISIS 原理图中的单片机 AT89S51，打开如图 1-36 所示的对话框。

单击 Program File 选项中的按钮，在打开的 Select File Name 对话框中，选择好要加载的 HEX 文件后（本示例加载 Example.hex 文件），单击"打开"按钮返回图 1-36，此时在 Program File 选项中的文本框中显示 HEX 文件的名称及存放路径。单击 OK 按钮，即完成 HEX 文件的装入过程。

3. 仿真调试

装入 HEX 文件后，单击仿真运行工具栏上的"运行"按钮 ▶，在 Proteus ISIS 的编辑窗口中可以看到单片机应用系统的仿真运行效果，在本示例中可以看到 8 个发光二极管循环点亮,出现流水灯的效果。其中，红色方块代表高电平，蓝色方块代表低电平,灰色代表悬空。

如果发现仿真运行效果不符合设计要求，应该单击仿真运行工具栏上的按钮 ■ 停止运行，然后从软件、硬件两个方面分析原因。完成软、硬件修改后，按照上述步骤重新开始仿真调试，直到仿真运行效果符合设计要求为止。

图 1-36　元器件编辑对话框

第2章 单片机基础实验

2.1 实验系统介绍

2.1.1 实验系统特点

本章单片机基础实验部分是基于北京精仪达盛科技有限公司 EL-MUT-III 型单片机/微机教学实验系统上验证完成，此系统具有以下特点。

（1）CPU 可选用 80C51、8086、80C196 中任一种 CPU，系统功能齐全，涵盖了单片机/微机教学实验课程的大部分内容。

（2）配有两块可编程器件：EPM7128 被系统占用，另一块 EPM7032 供用户实验用，两块器件皆可通过 JTAG 接口在线编程，使用十分方便。

（3）灵活的电源接口：配有 PC 机电源插座，可由 PC 提供电源，另外还配有外接开关电源，提供所需的+5V，±12V，其输入为 220V 的交流电。

（4）系统的联机运行模式：8051 调试软件不仅支持汇编语言，而且还支持 C 语言编辑调试。调试程序时可以同时打开寄存器窗口、内存窗口、变量窗口、反汇编窗口、波形显示窗口等，极大地方便了用户的程序调试。

2.1.2 系统概述

（1）微处理器：8051，它的 P0、P1 口，P2、P3 口皆对用户开放，供用户使用。

（2）时钟频率：6.0MHz。

（3）存储器：程序存储器与数据存储器统一编址，最多可达 64KB，板载 ROM（监控程序 27C256）12KB，RAM1（程序存储器 6264）8KB 供用户下载实验程序，可扩展达 32KB，RAM2（数据存储器 6264）8KB 供用户程序使用，可扩展达 32KB。

存储器组织图如图 2-1 所示，在程序存储器中，0000H～2FFFH 为监控程序存储区，用户不可用，4000H～5FFFH 为用户实验程序存储区，供用户下载实验程序。数据存储器的范围为：6000H～

用户I/O区	FFFFH
系统I/O区	CFEFH
用户I/O区	CFBFH
RAM2 用户实验程序区 供用户下载实验 程序	7FFFH
RAM1 用户实验程序 数据区	4FFFH
ROM 系统监控程序区	2FFFH
	0000H

图 2-1　存储器系统组织图

7FFFH，供用户实验程序使用。

注意： 因用户实验程序区位于 4000H～5FFFH，用户在编写实验程序时要注意，程序的起始地址应为 4000H，所用的中断入口地址均应在原地址的基础上，加上 4000H。例如：外部中断 0 的原中断入口为 0003H，用户实验程序的外部中断 0 的中断程序入口为 4003H，其他类推，见表 2-1。

表 2-1　　　　　　　　　　　　用户中断程序入口表

中断名称	8051 原中断程序入口	用户实验程序响应程序入口
外中断 0	0003H	4003H
定时器 0 中断	000BH	400BH
外中断 1	0013H	4013H
定时器 1 中断	001BH	401BH
串行口中断	0023H	4023H

（4）可提供对 8051 的基本实验。

此实验系统除微处理器、程序存储器、数据存储器外，还增加了 8255 并行接口、8250 串行控制器、8279 键盘、显示控制器、8253 可编程定时器、A/D 和 D/A 转换、单脉冲、各种频率的脉冲发生器、输入和输出电路等模块，各部分电路既相互独立，又可灵活组合，能满足各类院校不同层次单片机实验与实训要求。可提供的实验如下。

① 8051P1 口输入、输出实验。

② 简单的扩展输入、输出实验。

③ 8051 定时器/计数器实验。

④ 8051 外中断实验。

⑤ 8279 键盘扫描、LED 显示实验。

⑥ 8255 并行口输入、输出实验。

⑦ 8253 定时器/计数器实验。

⑧ 8259 中断实验。

⑨ 串行口通讯实验。

⑩ ADC0809 A/D 转换实验。

⑪ DAC0832 D/A 转换实验。

⑫ 存储器扩展实验。

⑬ 交通灯控制实验。

（5）资源分配。

此实验系统采用可编程逻辑器件（CPLD）EPM7128 做地址的编译码工作，可通过芯片的 JTAG 接口与 PC 机相连，对芯片进行编程。此单元也分两部分：一部分为系统 CPLD，完成系统器件，如监控程序存储器、用户程序存储器、数据存储器、系统显示控制器、系统串行通讯控制器等的地址译码功能，同时也由部分地址单元经译码后输出（插孔 CS0～CS5）给用户使用，他们的地址固定，用户不可改变。具体的对应关系见表 2-2。另一部分为用户 CPLD，它完全对用户开放，用户可在一定的地址范围内，进行编译码，输出为插孔 LCS0~LCS7，用户可用的地址范围见表 2-2，注意，用户的地址不能与系统相冲突，否则将导致错误。

表 2-2　　　　　　　　　　　　　CPLD 地址分配表

地址范围	输出孔/映射器件	性质（系统/用户）
0000H~2FFFH	监控程序存储器	系统 *
3000H~3FFFH	数据存储器	系统 *
4000H~7FFFH	用户程序存储器	系统 *
8000H~CFDFH	LCS0~LCS7	用户
CFE0H	PC 机串行通信芯片 8250	系统 *
CFE8H	显示、键盘芯片 8279	系统
CFA0H~CFA7H	CS0	系统
CFA8H~CFAFH	CS1	系统
CFB0H~CFB7H	CS2	系统
CFB8H~CFBFH	CS3	系统
CFC0H~CFC7H	CS4	系统
CFC8H~CFCFH	CS5	系统
CFD0H~FFFFH	LCS0~LCS7	用户

注：系统地址中，除带"*"用户既不可用，也不可改外，其他系统地址用户可用但不可改。

2.1.3　系统电源

外接开关电源，内置在实验箱里。

2.2　基本电路介绍

一、整机介绍

EL-MUT-III 型单片机/微机教学实验系统由电源、系统板、CPU 板、可扩展的实验模板、微机串口通信线、JTAG 通信线及通用连接线组成。系统板的结构简图如图 2-2 所示。

二、硬件资源

① 可编程并口接口芯片 8255 一片。

② 串行接口两个：8250 芯片一个，系统与主机通信用，用户不可用。单片机的串行口，可供用户使用。

③ 键盘、LED 显示芯片 8279 一片，其地址已被系统固定为 CFE8H、CFE9H。硬件系统要求编码扫描显示。

④ 六位 LED 数码管显示。

图 2-2 系统板的结构简图

⑤ ADC0809 A/D 转换芯片一片，其地址、通道 1~8 输入对用户开放。

⑥ DAC0832 D/A 转换芯片一片，其地址对用户开放，模拟输出可调。

⑦ 8 位简单输入接口 74LS244 一个，8 位简单输出接口 74LS273 一个，其地址对用户开放。

⑧ 配有 8 个逻辑电平开关，8 个发光二极管显示电路。

⑨ 配有一个可手动产生正、负脉冲的单脉冲发生器。

⑩ 配有一个可自动产生正、负脉冲的脉冲发生器，按基频 6.0MHz 进行 1 分频（CLK0）、2 分频（CLK1）、4 分频（CLK2）、8 分频（CLK3）、16 分频（CLK4）输出方波。

⑪ 配有一路 0~5V 连续可调模拟量输出（AN0）。

⑫ 配有可编程定时器 8253 一个，其地址、三个定时器的门控输入、控制输出均对用户开放。

⑬ 配有可编程中断控制器 8259 一个，其中断 IRQ 输入、控制输出均对用户开放。

⑭ 2 组总线扩展接口，最多可扩展 2 块应用实验板。

⑮ 配有两块可编程器件 EPM7064，一块被系统占用，另一块供用户实验用。两块器件皆可通过 JTAG 接口在线编程，使用十分方便。

三、整机测试

当系统上电后，数码管显示，TX 发光二极管闪烁，若没运行系统软件与上位机（PC）连接则 3 秒后数码管显示 P_，若与上位机建立连接则显示 C_。此时系统监控单元（27C256）、通信单元（8250、MAX232）、显示单元（8279、75451、74LS244）、系统总线、系统 CPLD 正常。若异常则按以下步骤进行排除。

① 按复位按键使系统复位，测试各芯片是否复位。

② 断电检查单片机及上述单元电路芯片是否正确且接触良好。

③ 上电用示波器观察芯片片选及数据总线信号是否正常。

④ 在联机状态下，若复位后 RX、TX 发光二极管闪烁，则显示不正常，检查 8279 时钟信号，断电调换显示单元芯片；若复位后 RX、TX 发光二极管不闪烁，但显示正常，检查 8250 晶振信号，断电调换通信单元芯片，若故障还没能排除可与厂家联系。

四、单元电路原理及测试

1. 单脉冲发生器电路

（1）电路原理

该电路由 1 个按扭、1 片 74LS132 组成，具有消抖功能，正反相脉冲，相应输出插孔 P+、P-。原理图如图 2-3 所示。

图 2-3　单脉冲发生器电路原理图

（2）电路测试

常态 P+ 为高电平，P- 为低电平；按扭按下时 P+ 为低电平，P- 为高电平。若异常可更换 74LS132。

2. 脉冲产生电路

（1）电路原理

该电路由 1 片 74LS161、1 片 74LS04、1 片 74LS132 组成。CLK0 是 6MHz，输出时钟为该 CLK0 的 2 分频（CLK1）、4 分频（CLK2）、8 分频（CLK3）、16 分频（CLK4），相应输出插孔（CLK0~CLK4）。原理图如图 2-4 所示。

图 2-4　脉冲产生电路原理图

（2）电路测试

电路正常时，可通过示波器观察波形。若 CLK0 有波形而其他插孔无波形，更换 74LS161；若都无波形，74LS04、74LS132 或 6M 晶振有问题。

3. 开关量输入输出电路

（1）电路原理

开关量输入电路由 8 只开关组成，每只开关有两个位置 H 和 L，一个位置代表高电平，一个位置代表低电平。对应的插孔是：K1～K8。开关量输出电路由 8 只 LED 组成，对应的插孔分别为 LED1～LED8，当对应的插孔接低电平时 LED 点亮。原理图如图 2-5 所示。

（2）电路测试

开关量输入电路可通过万用表测其插座电压的方法测试，即开关的两种状态分别为低电平和高电平；开关量输出电路可通过在其插孔上接低电平的方法测试，当某插孔接低电平时相应二极管发光。

图 2-5　开关量输入输出电路原理图

4. 简单 I/O 口扩展电路

（1）电路原理

输入缓冲电路由 74LS244 组成，输出锁存电路由上升沿锁存器 74LS273 组成。74LS244 是一个扩展输入口，74LS273 是一个扩展输出口，同时它们都是一个单向驱动器，以减轻总线的负担。74LS244 的输入信号由插孔 IN0～IN7 输入，插孔 CS244 是其选通信号，其他信号线已接好；74LS273 的输出信号由插孔 O0～O7 输出，插孔 CS273 是其选通信号，其他信号线已接好。其原理图如图 2-6 所示。

（2）电路测试

当 74LS244 的 1、19 脚接低电平时，IN0~IN7 与 DD0～DD7 对应引脚电平一致；当 74LS273 的 11 脚接低电平再松开（给 11 脚一上升沿）后，O0～O7 与 DD0～DD7 对应引脚电平一致。或用简单 I/O 口扩展实验测试：程序执行完读开关量后，74LS244 的 IN0～IN7 与 DD0～DD7

图 2-6　简单 I/O 口扩展电路原理图

对应引脚电平一致；程序执行完输出开关量后，74LS273 的 O0～O7 与 DD0～DD7 对应引脚电平一致。

5. CPLD 译码电路

该电路由 EPM7128、EPM7032、IDC10 的 JTAG 插座、两 SIP3 跳线座组成。其中 EPM7128 为系统 CPLD，EPM7032 为用户 CPLD，它们共用一个 JTAG 插座，可通过跳线选择，当两个跳线座都与 1，2 相连时为系统 CPLD，当两个跳线座都与 2，3 相连时为用户 CPLD 使用。LCS0～LCS7 为用户 CPLD 输出。用户不得对系统 CPLD 编程。原理图如图 2-7 所示。

6. 8279 键盘、显示电路

（1）电路原理

8279 显示电路由 6 位共阴极数码管显示，74LS244 为段驱动器，75451 为位驱动器，可编程键盘电路由 1 片 74LS138 组成，8279 的数据口、地址、读写线、复位、时钟、片选已经接好，键盘行列扫描线均有插孔输出。键盘行扫描线插孔号为 KA0～KA3；列扫描线插孔号为 RL0～RL7；8279 还引出 CTRL、SHIFT 插孔。六位数码管的位选、段选信号可以从 8279 引入，也可以有外部的其他电路引入，原理图如图 2-8 所示。

（2）电路测试见整机测试

六位数码管电路的测试：除去电路板上数码管右侧的跳线，系统加电，用导线将插孔 LED1 接低电平（GND），再将插孔 LED-A、LED-B、LED-C、LED-D、LED-E、LED-F、LED-G、LED-DP 依次接高电平（VCC），则数码管 SLED1 的相应段应点亮，如果所有的段都不亮，则检查相应的芯片 75451，如果个别段不亮，则检查该段的连线及数码管是否损坏，用同样的方法依次检查其他数码管。

图 2-7 CPLD 译码电路原理图

8259 显示、键盘控制芯片电路的测试：加上数码管右边的所有短路线，复位系统，应能正常显示，否则检查 8279 芯片、244 芯片、138 芯片是否正常。

7. 8250 串行接口电路

该电路由一片 8250、一片 MAX232 组成，该电路所有信号线均已接好。原理图如图 2-9 所示。

8. 8255 并行接口电路

（1）电路原理

该电路由 1 片 8255 组成，8255 的数据口、地址、读写线、复位控制线均已接好，片选输入端插孔为 8255CS，A、B、C 三端口的插孔分别为：PA0～PA7、PB0～PB7、PC0～PC7。原理图如图 2-10 所示。

（2）电路测试

检查复位信号，通过 8255 并行口实验，程序全速运行，观察片选、读、写、总线信号是否正常。

图 2-8 8279 键盘、显示电路原理图

图 2-9 8250 串行接口电路原理图

图 2-10 8255 并行接口电路原理图

9. 8237 DMA 传输电路

该电路由一片 8237、一片 74LS245、一片 74LS273、一片 74LS244 组成，DRQ0、DRQ1 是 DMA 请求插孔，DACK0、DACK1 是 DMA 响应信号插孔。SN74LS373 提供 DMA 期间高 8 位地址的锁存，低 8 位地址由端口 A0~A7 输出。74LS245 提供高 8 位存储器的访问通道。DMA0~DMA3 是 CPU 对 8237 内部寄存器访问的通路。原理图如图 2-11 所示。

图 2-11 8237 DMA 传输电路原理图

10. A/D、D/A 电路

（1）电路原理

八路八位 A/D 实验电路由一片 ADC0809、一片 74LS04、一片 74LS32 组成，该电路中，
ADIN0～ADIN7 是 ADC0809 的模拟量输入插孔，CS0809 是 0809 的 AD 启动和片选的输入

插孔，EOC 是 0809 转换结束标志，高电平表示转换结束。齐纳二极管 LM336-5 提供 5V 的参考电源，ADC0809 的参考电压，数据总线输出，通道控制线均已接好，八位双缓冲 D/A 实验电路由一片 DAC0832、一片 74LS00、一片 74LS04、一片 LM324 组成，该电路中除 DAC0832 的片选未接好外，其他信号均已接好，片选插孔标号 CS0832。输出插孔标号 DAOUT。该电路为非偏移二进制 D/A 转换电路，通过调节 POT3，可调节 D/A 转换器的满偏值，调节 POT2，可调节 D/A 转换器的零偏值。原理图如图 2-12 所示。

图 2-12 A/D、D/A 电路原理图

（2）电路测试

检查复位信号，通过 A/D、D/A 实验，程序全速运行，观察片选、读、写、总线信号是否正常。

11. 8253 定时器/计数器电路

（1）电路原理

该电路由 1 片 8253 组成，8253 的片选输入端插孔 CS8253、数据口、地址、读写线均已接好，T0、T1、T2 时钟输入分别为 8252CLK0、8253CLK1、8253CLK2。定时器输出，GATE 控制孔对应如下：OUT0、GATE0、OUT1、GATE1、OUT2、GATE2、CLK2。原理图如图 2-13 所示。

图 2-13 8253 定时器/计数器电路原理图

注：GATE 信号无输入时为高电平。

（2）电路测试

检查复位信号，通过 8253 定时器/计数器接口实验，程序全速运行，观察片选、读、写、总线信号是否正常。

12. 8259 中断控制电路

（1）电路原理

CS8259 是 8259 芯片的片选插孔；IR0～IR7 是 8259 的中断申请输入插孔；DDBUS 是系统 8 位数据总线；INT 插孔是 8259 向 8086CPU 的中断申请线；INTA 是 8086 的中断应答信号。原理图如图 2-14 所示。

（2）电路测试

检查复位信号，通过 8259 中断控制器实验，程序全速运行，观察片选、读、写、总线信号是否正常。

13. 存储器电路

（1）电路原理

该电路由一片 2764、一片 27256、一片 6264、一片 62256、三片 74LS373 组成，2764提供监控程序高 8 位，27256 提供监控程序低 8 位，6264 提供用户程序及数据存储高 8 位，2764 提供监控程序低 8 位，74LS373 提供地址信号。ABUS 表示地址总线，DBUS 是数据总

图 2-14　8259 中断控制电路原理图

线。D0～D7 是数据总线低八位，D8～D15 是数据总线高八位。其他控制总线如：MEMR、
MEMW 和片选线均已接好。在 8086 系统中，存储器分成两部分，高位地址部分（奇字节）
和低位地址部分（偶字节）。当 A0=1 时，片选信号选中奇字节；当 A0=0 时，选中偶字节。
原理图如图 2-15 所示。

（2）电路测试

监控正常则 2764、27256、74LS373 没问题，用户程序可正常运行则 6264、62256 没问题。
检查复位信号，通过存储器读写实验，程序全速运行，观察片选、读、写、总线信号是否正常。

图 2-15　存储器电路原理图

14. 六位 LED 数码管驱动显示电路

（1）电路原理

该电路由六位 LED 数码管、位驱动电路、端输入电路组成，数码管采用动态扫描的方式显示。

具体原理图如图 2-16 所示，图中用 75451 做数码管的位驱动。跳线开关用于选择数码管的显示源，可外接，也可选择 8279 芯片。

图 2-16　六位 LED 数码管驱动显示电路原理图

（2）电路测试

去除短路线，系统加电，将插孔 LED-1 与 GND 短接，用电源的 VCC 端依次碰触插孔 LED-A～LED-DP，观察最左边的数码管的显示段依次发亮，则可断定此位数码管显示正常，否则检查芯片 75451 及连线。依次检查其他各位数码管电路。

15. LCD 显示电路

点阵式 LCD 显示电路是在系统板上外挂点阵式液晶显示模块，模块的数据线、状态、控制线都通过插孔引出。可直接与系统相连。

（1）OCMJ2×8 液晶模块介绍及使用说明

OCMJ 中文模块系列液晶显示器内含 GB 2312 16×16 点阵国标一级简体汉字和 ASCII8×8（半高）及 8×16（全高）点阵英文字库，用户输入区位码或 ASCII 码即可实现文本显示。也可用作一般的点阵图形显示器之用。提供位点阵和字节点阵两种图形显示功能，用户可在指定的屏幕位置上以点为单位或以字节为单位进行图形显示。完全兼容一般的点阵模块。OCMJ 中文模块系列液晶显示器可以实现汉字、ASCII 码、点阵图形和变化曲线的同屏显示，并可通过字节点阵图形方式造字。本系列模块具有上/下/左/右移动当前显示屏幕及清除屏幕的命令。一改传统的使用大量的设置命令进行初始化的方法，OCMJ 中文模块所有的设置初始化工作都是在上电时自动完成的，实现了“即插即用”。同时保留了一条专用的复位线供用户选择使用，可对工作中的模块进行软件或硬件强制复位。规划整齐的 10 个用户接口命令代码，非常容易记忆。标准用户硬件接口采用 REQ/BUSY 握手协议，简单可靠。OCMJ 的引脚说明见表 2-3。

表 2-3			OCMJ2×8（128×32）引脚说明				
引脚	名称	方向	说明	引脚	名称	方向	说明
1	VLED+	I	背光源正极（LED+5V）	8	DB1	I	数据 1
2	VLED-	I	背光源负极（LED-0V）	9	DB2	I	数据 2
3	VSS	I	地	10	DB3	I	数据 3
4	VDD	I	（+5V）	11	DB4	I	数据 4
5	REQ	I	请求信号，高电平有效	12	DB5	I	数据 5
6	BUSY	O	应答信号=1：已收到数据并正在处理中 =0：模块空闲，可接收数据	13	DB6	I	数据 6
7	DB0	I	数据 0	14	DB7	I	数据 7

（2）OCMJ2×8 液晶模块外部连接原理图及接口说明

模块上 DB0～DB7 插孔对应于位数据线，BUSY、REQ 插孔分别对应于图中相应的引脚。原理图如图 2-17 所示。

16. 3×8 键盘扫描电路

（1）电路原理

键盘采用行列扫描的方式，如图 2-18 所示，其中通过检查 SHIFT、CTRL 两键是否与 GND 相连来判断按键是否按下。

（2）电路测试

按照图 2-18 给系统加电，首先用万用表的电压档依次测试各个插孔的电压，在无键按下的情况下，共 13 个插孔的电压皆为 VCC 电压，否则检查故障插孔相关的电路。

模块接脚：　1 LED–　3 VSS　　5—12　DB0-7　　13　REO　　15　RBSBT　17　RT1
　　　　　　 2 LED+　4 VDD　（+5V）　　　14　BUSY　　16　MC　　18　RT2

图 2-17　8051 与 OCMJ4X8 模块连接图

图 2-18　3×8 键盘扫描电路原理图

上述检查无误后，将插孔 KA10 与 GND 短路，依次按键，插孔 RL10～RL17 应有一个电压降为 GND，并且每当一个按键按下时，仅有一个对应插孔的电压降低。否则检查相应的案件是否正常。依次检查 KA11、KA12。

2.3　实验部分

2.3.1　Keil C 软件使用（实验一）

一、实验目的

1. 学习 Keil C 软件的使用和软件调试，了解硬件调试。
2. 支持 Keil C 环境下的汇编、C。
3. 完全仿真 P0、P1、P2 口。
4. 设置单步全速断点运行方式。
5. 查阅变量 RAM、xdata 等数据。
6. 从 0 地址开始仿真。用汇编时，注意中断矢量单元为标准设置（如：外部中断 0 为 0003H，T0 溢出中断为 000BH）。

二、软件实验步骤

1. 打开 Keil C 环境，如图 2-19 所示。

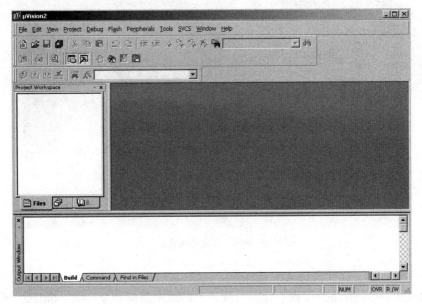

图 2-19　打开 Keil C 环境

2. 新建工程或打开工程文件：在主菜单上选 "Project" 项，在下拉列表中选择 "New Project" 新建工程，浏览保存工程文件为扩展名为 ".Uv2" 的文件。或在下拉列表中选择 "Open project" 打开已有的工程文件。如图 2-20 所示。

图 2-20　新建工程文件

3. 环境设置：新建工程文件后，在工具栏中选择如图 2-21 所示的选项设置调试参数及运行环境，或从主菜单"Project"项中选择"Options for Target 'Target1'"，打开如图 2-21 所示的设置窗口。

图 2-21　工程文件设置

在"Device"项下选择要仿真的芯片类型，如：Generic –> 8051。

在"Target"项下的晶振设置中修改为硬件电路所用晶振频率，如：6MHz。选择合适存储模式。

在"Output"项下如在 Creat HEX File 选项前打勾，则在编译的同时生成可下载执行的 HEX 文件，用仿真芯片仿真时可以不进行此项设置。

在"Debug"项下选择"Use: simulator"使用软件仿真。如图 2-22 所示。

图 2-22 仿真设置

单击"Settings"按钮，进入串口选择及波特率设置窗口（见图 2-23）。

图 2-23 串口选择及波特率设置窗口

选择合适的波特率及串口号。"Serial Interrupt"项不可选，把前面的勾打掉。单击"OK"按钮保存设置。

在"Option for Target 'Target1'"窗口中，单击"确定"按钮，退出环境设置。

4. 新建文件：在主菜单的"File"下拉列表中选"New…"新建文件。输入你自己编写的程序，编辑文件并保存文件。文件保存为扩展名为".C"或".ASM"的文件。如图 2-24 所示。

图 2-24　文件保存窗口

5．添加文件：在左边的"Project Window"窗口中，用右键选取"Source Group 1"，在弹出的列表中选择"Add Files to Group 'Source Group 1'"，弹出浏览窗口。如图 2-25 所示。

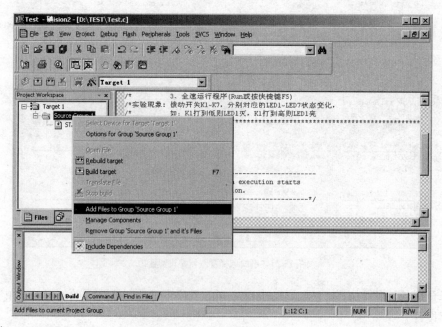

图 2-25　浏览窗口

浏览添加编辑好的 C 或 ASM 文件。添加完毕点"Close"，关闭窗口。如图 2-26 所示。

这时发现添加的文件名已出现在"Project Window"窗口中。双击刚添加的 C 或 ASM 文件，打开编辑文件窗口。如图 2-27 所示。

图 2-26 添加 C 或 ASM 文件

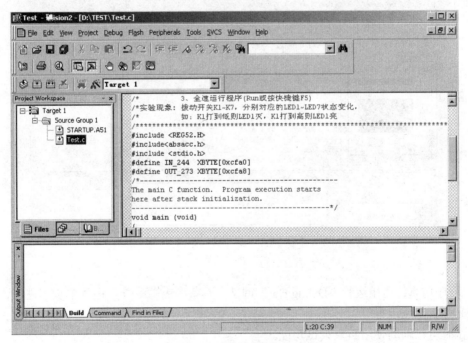

图 2-27 编辑文件窗口

6. 编译链接：在"Build Bar" ![toolbar]工具条中，选第二项编译当前文件，第三项为编译全部。编译完成，在下方"Output"窗口中出现编译结果。如图 2-28 所示。

7. 仿真调试：单击调试按钮![buttons]，或从主菜单选取调试"Start/Stop Debgu Session CTRL+F5"（快捷键 CTRL+F5），程序下载到仿真芯片中。窗口下方显示下载进度条。100%下载完成后出现如图 2-29 所示的窗口。

图 2-28 编译文件

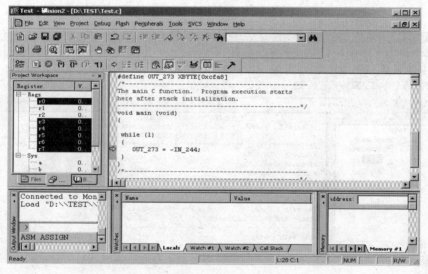

图 2-29 调试

8. 程序仿真：运用运行"Debug Bar"调试工具条 ，进行单步、进入、跳出、运行到光标、全速运行等。

调试时可以辅助使用断点调试功能。

全速运行后，程序不受控。如需再次单步调试，需单击调试工具 停止按钮，停止调试。

按照上述步骤，对自己编写的小程序进行调试，目的是学习并且熟练使用软件和调试工具，要编写的程序可以参见后面的文件。

软件调试完全在电脑上进行实验，特别建议使用单步调试和断点调试，并且观测查阅变量 RAM、xdata 等数据的变化。

三、EL-MUT-8051 硬件实验准备

1. 把 EL-MUT-8051-Keil C 模块插入 EL-MUT-III 实验箱或实验台的 CPU 插座。（EL-MUT-8051-Keil C 模块上的 40 脚单片机管座上需插有"达盛仿真芯片"，不能换为其他单片机芯片。）

2. 将交叉串口电缆的一端（针形口）与 EL-MUT-8051-Keil C 模块左侧的串行插口（孔形口）插座连接，另一端（孔形口）与 PC 机的 COM1 连接。

3. 打开 EL-MUT-III 实验箱或实验台电源开关，通电。

注意 1：工程属性设置，在"Debug"项下选择"Use: Keil Moniter-51 Driver"使用硬件仿真。如图 2-30 所示。

图 2-30 工程属性设置

注意 2：全速运行后，程序不受控。如需再次调试，先要硬件复位仿真芯片，再次单击调试工具 停止按钮，停止调试。

注意 3：软件实验中的中断入口地址不加 4000H，而在后面的硬件实验中一定要加上 4000H。

2.3.2 P1 口输入输出实验（实验二）

一、实验目的

1. 学习 P1 口的使用方法。
2. 学习延时子程序的编写和使用。

二、实验设备

EL-MUT-III 型单片机实验箱、8051CPU 模块。

三、实验内容

安排两个较小的实验，分别为只做输出实验、输入实验。

1. P1 口做输出口，接 8 只发光二极管，编写程序，使发光二极管循环点亮。

2. P1 口做输入口，接 8 个按钮开关，以实验箱上 74LS273 做输出口，编写程序读取开关状态，在发光二极管上显示出来。

四、实验原理

P1 口为准双向口，P1 口的每一位都能独立地定义为输入位或输出位。作为输入口时，必须向锁存器相应位写入"1"，该位才能作为输入。8051 中所有口锁存器在复位时均置为"1"，如果后来在口锁存器写过"0"，在需要时应写入一个"1"，使它成为一个输入。

延时程序的实现。现常用的有两种方法，一是用定时器中断来实现，一是用指令循环来实现。在简单的系统中时间允许的情况下可以采用后一种方法。

本实验系统晶振为 6.144MHz，则一个机器周期为（1 / 6.144）×12μs 即 1.96μs。

写一个延时 0.1s 的程序，可大致写出如下：

```
        MOV R7, #x        （1）;设定外循环次数 x
DEL1:   MOV R6, #200      （2）;设定内循环次数 200
DEL2:   DJNZ R6, DEL2     （3）;内循环 200 次
        DJNZ R7, DEL1     （4）;外循环 x 次
```

上面 MOV、DJNZ 指令均需两个机器周期，所以每执行一条指令需要 3.92μs，现求出 x 值：

$$1.96 + (3.92 + 200 \times 3.92 + 3.92) \times x = 0.1 \times 10^6$$

指令（1）　　指令（2）　　指令（3）　　指令（4）　　循环次数
所需时间　　所需时间　　所需时间　　所需时间

$x = 127D = 7FH$

经计算得 $x = 127$。代入上式可知实际延时时间约为 0.100215s，已经很精确了。

实验过程中要求自己计算加倍和减半的时间值。

五、实验原理图

请注意两个小实验分别对应两个不同的电路。

图 2-31 是 P1 口做输出口的实验电路。

图 2-32 是 P1 口做输入口的实验电路。

六、实验步骤

1. P1 口做输出口实验：执行程序 1（T1_1.ASM）时，P1.0～P1.7 接发光二极管 L1～L8。

2. P1 口做输入口实验：执行程序 2（T1_1.ASM）时，P1.0～P1.7 接平推开关 K1～K8，74LS273 的 O0～O7 接发光二极管 L1～L8，74LS273 的片选端 CS273 接 CS0（由程序所选择的入口地址而定，与 CS0～CS7 相应的片选地址请查看第一部分系统资源，以后不赘述）。

图 2-31 P1 口输出实验

图 2-32 P1 口输入实验

七、程序框图

1. P1 口做输出口实验的程序框图如图 2-33 所示。

| 程序初始化，设置 P1 口寄存器的初值为 FEH | → | 延时 0.1s，使显示稳定 | → | 将 P1 口寄存器的数值逐位左移 1 位 |

图 2-33 循环点亮发光二极管

2. P1 口做输出口实验的程序框图如图 2-34 所示。

图 2-34　将 P1 口的状态通过发光二极管显示

八、参考程序

1. 循环点亮发光二极管的汇编语言程序（T2_1.ASM）。

```
;-------------------------------------------------------------------------
;名称: T2_1.ASM
;-------------------------------------------------------------------------
      NAME   T2_1        ;P1 口输出实验, 文件名的说明
      CSEG AT 0000H      ;org 0000H, 程序代码开始
      LJMP START         ;进入主程序
      CSEG AT 4100H      ;org 4100h, 主程序的代码开始
;-------------------------------------------------------------------------
;以下是主程序, 循环点亮发光二极管
START:   MOV A, #0FEH       ;初始化设定 A 的值使一只发光管点亮
LOOP:    RL  A              ;左移一位
         MOV P1, A          ;送到输出口 P1, 点亮发光二极管
         LCALL DELAY        ;调用延时子程序, 延时 0.1 秒
         JMP  LOOP          ;单片机程序的无限循环
;-------------------------------------------------------------------------
;以下是延时 0.1 秒的子程序
DELAY:   MOV   R1, #127     ;外循环次数初值
DEL1:    MOV   R2, #200     ;内循环次数初值
DEL2:    DJNZ  R2, DEL2     ;内循环 R2 循环 200 次
         DJNZ  R1, DEL1     ;外循环 R1 循环 127 次
         RET                ;子程序结束返回
         END
```

2. 循环点亮发光二极管的 C 语言程序（T2_1.C）。

```
//-------------------------------------------------------------------------
//名称: T2_1.C
//说明: 循环点亮发光二极管
//-------------------------------------------------------------------------
#include <reg51.h>        //预包含特殊功能寄存器和位名称的定义
//-------------------------------------------------------------------------
//延时子函数
//-------------------------------------------------------------------------
void delay(void)
  { unsigned int i;
   for(i=0;i<30000;i++);  //实现 30 000 次的空操作即延时 30 000 次机器周期
  }
//-------------------------------------------------------------------------
```

```
//主函数
//------------------------------------------------------------
void main(void)
  {unsigned char tmp=0xfe;        //定义一个运算变量
   while(1)                       //实现无限循环
     {P1= tmp;                    //初始化 P1
         delay();                 //调用延时
         tmp = ((tmp<<1)|1);      //左移一位
         if(tmp==0xff) tmp=0xfe;
      }
  }
```

3. 通过发光二极管将 P1 口的状态显示的汇编语言程序（T2_2.ASM）。

```
;------------------------------------------------------------
    ; 名称 T2_2.ASM
;------------------------------------------------------------
NAME    T2_2              ;P1 口输入实验
OUT_PORTEQU  0CFA0H       ;定义输出口选择 273 芯片接 CS0
CSEG AT 0000H             ;org 0000H，程序代码开始
LJMP START               ;进入主程序
CSEG AT 4100H            ;org 4100h，主程序的代码开始
 ;------------------------------------------------------------
--------------------
     ;以下是主程序，通过发光二极管将 P1 口的状态显示
START: MOV P1, #0FFH       ;复位 P1 口为输入状态
MOV A, P1                 ;读 P1 口的状态值入累加器 A
MOV DPTR, #OUT_PORT       ;将输出口地址赋给地址指针 DPTR
MOVX @DPTR, A            ;将累加器 A 的值赋给 DPTR 指向的地址
JMP START                ;继续循环监测端口 P1 的状态
END
```

4. 通过发光二极管将 P1 口的状态显示的 C 语言程序（T2_2.C）。

```
//------------------------------------------------------------
//名称 T2_2.C
//说明 通过发光二极管将 P1 口的状态显示
//------------------------------------------------------------
#include  <reg51.h>              //预包含，针对单片机的特殊功能寄存器和位名称的定义
#include  <absacc.h>             //预包含一些常用运算函数
#define Out_port XBYTE[0xcfa0]   //预定义 Out_port 是片外 RAM 地址
//------------------------------------------------------------
//延时子函数
//------------------------------------------------------------
void delay(void)
  { unsigned int i;
    for(i=0;i<100;i++);
  }
//------------------------------------------------------------
//主函数
```

```
//----------------------------------------------------------------
void main(void)
  { while(1)                    //实现无限循环
   {P1= 0xff;                   //P1 口预先置高
   Out_port = P1;              //读 P1 引脚的值，并通过 Out_port 输出
    delay();                   //调用延时函数
   }
 }
```

2.3.3 P1 口输入并输出实验（实验三）

一、实验目的

1. 学习 P1 口既做输入又做输出的使用方法。
2. 学习数据输入、输出程序的设计方法。

二、实验设备

EL-MUT-III 型单片机实验箱、8051CPU 模块。

三、实验原理

实验例程中给出了一种 N 路转移的常用设计方法，该方法利用了 JMP @A+DPTR 的计算功能，实现转移。该方法的优点是设计简单，转移表短，但转移表大小加上各个程序长度必须小于 256 字节。

四、实验原理图

实验原理图如图 2-35 所示。

五、实验步骤

1. 平推开关的输出 K1 接 P1.0，K2 接 P1.1。
2. 发光二极管的输入 L1 接 P1.2，L2 接 P1.3，L5 接 P1.4，L6 接 P1.5。

运行实验程序，K1 作为左转弯开关，K2 作为右转弯开关。L5、L6 作为右转弯灯，L1、L2 作为左转弯灯。

结果显示：1. K1 接高电平 K2 接低电平时，右转弯灯（L5、L6）灭，左转弯灯（L1、L2）以一定频率闪烁。

3. K2 接高电平 K1 接低电平时，左转弯灯（L1、L2）灭，右转弯灯（L5、L6）以一定频率闪烁。

4. K1、K2 同时接低电平时，发光二极管全灭。

5. K1、K2 同时接高电平时，发光二极管全亮。

图 2-35 P1 口输入、输出实验

六、参考程序

1. 汇编语言参考程序：T3.ASM。

```
        ;----------------------------------------------------------------
        ;名称 T3.ASM
        ;----------------------------------------------------------------
        NAME    T3              ;P1 口输入并输出实验
        CSEG AT 0000H           ;org 0000H，程序代码开始
        LJMP START              ;进入主程序
        CSEG AT 4100H           ;org 4100h，主程序的代码开始
        ;以下是主程序
START:  SETB   P1.0             ;用于输入时先置位口内锁存器
        SETB   P1.1             ;用于输入时先置位口内锁存器
        MOV    A, P1            ;读 P1 口的状态值入累加器 A
        ANL    A, #03H          ;从 P1 口读入开关状态，与运算取低两位
        MOV    DPTR, #TAB       ;转移表首地址送 DPTR
        MOVC A, @A+DPTR         ;根据 A 值查表得分支程序入口地址与 TAB 的差
        JMP    @A+DPTR          ;转移到不同的分支程序
TAB:    DB  PRG0-TAB            ;分支程序 0 入口地址与 TAB 的差值
        DB  PRG1-TAB            ;分支程序 1 入口地址与 TAB 的差值
        DB  PRG2-TAB            ;分支程序 2 入口地址与 TAB 的差值
        DB  PRG3-TAB            ;分支程序 3 入口地址与 TAB 的差值
PRG0:   MOV  P1, #0FFH          ; K1=0，K2=0，P1 口输出#0FFH 发光二极管全灭
        JMP  START              ;返回主程序继续判断开关状态
PRG1:   MOV  P1, #0F3H          ;K1=1，K2=0 只点亮 L5、L6，表示左转弯
        ACALL  DELAY            ;延时 0.5 秒
        MOV  P1, #0FFH          ;再熄灭
        ACALL  DELAY            ;延时 0.5 秒
        JMP  START              ;返回主程序继续判断开关状态
PRG2:   MOV  P1, #0CFH          ;K1=0，K2=1 只点亮 L7、L8，表示右转弯
        ACALL  DELAY            ;延时 0.5 秒
        MOV  P1, #0FFH          ;再熄灭
        ACALL  DELAY            ;延时 0.5 秒
        JMP  START              ;返回主程序继续判断开关状态
PRG3:   MOV  P1, #00H           ;K1=1，K2=1 发光二极管全亮
        JMP  START              ;返回主程序继续判断开关状态
        ;----------------------------------------------------------------
        ; 以下是延时 0.5 秒的子程序
        ;----------------------------------------------------------------
DELAY:  MOV  R1, #5             ;外循环计数初值
DEL1:   MOV  R2, #200           ;内循环计数初值
DEL2:   MOV  R3, #126           ;最内循环计数初值
DEL3:   DJNZ  R3, DEL3          ;最内循环计数 126 次；
        DJNZ  R2, DEL2          ;内循环计数 200 次
        DJNZ  R1, DEL1          ;外循环计数 5 次
```

```
        RET                     ;子程序返回
        END
```

2．C 语言参考程序：T3.C。

```
//-----------------------------------------------------------------
//名称 T3.C
//-----------------------------------------------------------------
#include  <reg51.h> //预包含针对单片机的特殊功能寄存器和位名称的定义
//-----------------------------------------------------------------
//延时子函数
//-----------------------------------------------------------------
 void delay(void)
  { unsigned int i;
     for(i=0;i<100;i++);
  }
//-----------------------------------------------------------------
//主函数
//-----------------------------------------------------------------
 void main(void)
  { unsigned char num, i=0;              //设变量
     while(1)                            //实现无限循环
       { P1 = 0xff;                      //P1 口预先置高
          num = P1&3;                    //读 P1 引脚的值并取最后两位值
          switch (num)                   //根据 num 的值转向四个分支程序
            {case 0:                     // K1=0, K2=0
             P1 = 0xff;                  //发光二极管全灭
               break;                    // 返回主程序继续判断开关状态
               case 1:                   //K1=1, K2=0
               if(i<100) P1 = 0xf3;      //0.5 秒前只点亮 L5、L6，表示左转弯
                 else P1 = 0xff;         //再熄灭
                 break;                  // 返回主程序继续判断开关状态
               case 2:                   //K1=1, K2=0
               if(i<100) P1 = 0xcf;      //0.5 秒前只点亮 L7、L8，表示右转弯
                 else P1 = 0xff;         //再熄灭
                 break;                  // 返回主程序继续判断开关状态
               case 3:                   //K1=1, K2=1
               P1 = 0;                   //发光二极管全亮
               break;                    // 返回主程序继续判断开关状态
            }
          delay();                       //调用延时函数
          i++;                           //注意和delay()函数的i不是同一个值
          if(i>200)  i = 0;              //判断 1 秒时间
       }
  }
```

七、程序框图

程序框图如图 2-36 所示。

图 2-36 程序框图

2.3.4 简单 I/O 口扩展实验（1）——交通灯控制实验（实验四）

一、实验目的

1. 学习在单片机系统中扩展简单 I/O 接口的方法。
2. 学习数据输出程序的设计方法。
3. 学习模拟交通灯控制的实现方法。

二、实验设备

EL-MUT-III 型单片机实验箱、8051CPU 模块。

三、实验内容

扩展实验箱上的 74LS273 作为输出口，控制 8 个发光二极管亮灭，模拟交通灯管理。

本实验用实验箱上 8 个发光二极管中的 6 个，即红、黄、绿各 2 个。将 L1（红）、L2（绿）、L3（黄）作为东西方向的指示灯，将 L5（红）、L6（绿）、L7（黄）作为南北方向的指示灯。

四、实验原理

交通灯的亮灭规律为：初始态是两个路口的红灯全亮，之后东西路口的绿灯亮，南北路口的红灯亮，东西方向通车，延时一段时间后，东西路口绿灯灭，黄灯开始闪烁。闪烁若干次后，东西路口红灯亮，而同时南北路口的绿灯亮，南北方向开始通车，延时一段时间后，南北路口的绿灯灭，黄灯开始闪烁。闪烁若干次后，再切换到东西路口方向，重复上述过程。

各发光二极管的阳极通过保护电阻接到+5V 的电源上，阴极接到输入端上，因此使其点亮应使相应输入端为低电平。

五、实验原理图

实验原理图如图 2-37 所示。

六、实验步骤

74LS273 的输出 O0～O7 接发光二极管 L1～L8，74LS273 的片选 CS273 接片选信号 CS0，此时 74LS273 的片选地址为 CFA0H～CFA7H 之间任选。

运行实验程序，观察 LED 显示情况是否与实验内容相符。

七、程序框图

程序框图如图 2-38 所示。

图 2-37　交通灯控制实验原理图

图 2-38　程序框图

八、参考程序

1. 汇编语言参考程序：T4.ASM。

```
NAME    T4              ;I/O 口扩展实验一
PORT    EQU    0CFA0H    ;片选地址 CS0
CSEG    AT     0000H     ;启动程序开始地址
        LJMP   START     ;进入主程序
CSEG    AT     4100H     ;主程序开始地址
;------------------------------------------------------------------
;名称 T4.ASM
;------------------------------------------------------------------
START: MOV     A, #11H    ;两个红灯亮，黄灯、绿灯灭
       ACALL   DISP       ;调用 273 显示单元
       ACALL   DE3S       ;延时 3 秒
LLL:   MOV     A, #12H    ;东西路口绿灯亮;南北路口红灯亮
       ACALL   DISP       ;调用 273 显示单元
       ACALL   DE10S      ;延时 10 秒
       MOV     A, #10H    ;东西路口绿灯灭;南北路口红灯亮
       ACALL   DISP       ;调用 273 显示单元
       MOV     R2, #05H   ;R2 中的值为黄灯闪烁次数
TTT:   MOV     A, #14H    ;东西路口黄灯亮;南北路口红灯亮
       ACALL   DISP       ;调用 273 显示单元
       ACALL   DE02S      ;延时 0.2 秒
       MOV     A, #10H    ;东西路口黄灯灭;南北路口红灯亮
       ACALL   DISP       ;调用 273 显示单元
       ACALL   DE02S      ;延时 0.2 秒
       DJNZ    R2, TTT    ;返回 TTT, 使东西路口黄灯闪烁五次
       MOV     A, #11H    ;两个红灯亮，黄灯、绿灯灭
       ACALL   DISP       ;调用 273 显示单元
       ACALL   DE02S      ;延时 0.2 秒
       MOV     A, #21H    ;东西路口红灯亮;南北路口绿灯亮
       ACALL   DISP       ;调用 273 显示单元
       ACALL   DE10S      ;延时 10 秒
       MOV     A, #01H    ;东西路口红灯亮;南北路口绿灯灭
       ACALL   DISP       ;调用 273 显示单元
       MOV     R2, #05H   ;黄灯闪烁 5 次
GGG:   MOV     A, #41H    ;东西路口红灯亮;南北路口黄灯亮
       ACALL   DISP       ;调用 273 显示单元
       ACALL   DE02S      ;延时 0.2 秒
       MOV     A, #01H    ;东西路口红灯亮;南北路口黄灯灭
       ACALL   DISP       ;调用 273 显示单元
       ACALL   DE02S      ;延时 0.2 秒
       DJNZ    R2, GGG    ;返回 GGG, 使南北路口;黄灯闪烁五次
       MOV     A, #03H    ;两个红灯亮，黄灯、绿灯灭
       ACALL   DISP       ;调用 273 显示单元
```

```
        ACALL   DE02S           ;延时 0.2 秒
        JMP     LLL             ;转 LLL 实现无限循环
;------------------------------------------------------------------
;多入口的延时子程序
;------------------------------------------------------------------
DE10S:  MOV     R5, #100        ;延时 10 秒的 R5 初值
        JMP     DE1             ;进入延时循环
DE3S:   MOV     R5, #30         ;延时 3 秒的 R5 初值
        JMP     DE1             ;进入延时循环
DE02S:  MOV     R5, #02         ;延时 0.2 秒的 R5 初值
DE1:    MOV     R6, #200        ;延时外循环 R6 初值
DE2:    MOV     R7, #126        ;延时内循环 R7 初值
DE3:    DJNZ    R7, DE3         ;内循环 127 次
        DJNZ    R6, DE2         ;外循环 200 次
        DJNZ    R5, DE1         ;实现 R5 的次数调用
        RET                     ;子程序返回
DISP:   MOV     DPTR, #PORT     ;273 显示单元
        CPL     A               ;取反使 LED 点亮
        MOVX    @DPTR, A        ;通过片外 273 输出
        RET                     ;子程序返回
        END
```

2. C 语言参考程序：T4.C。

```
//------------------------------------------------------------------
//名称 T4.C
//------------------------------------------------------------------
    #include <reg51.h>         //预包含特殊功能寄存器和位名称的定义
    #include <absacc.h>        //预包含一些常用运算函数
    #define Out_port XBYTE[0xcfa0] //预定义 Out_port 是片外 RAM 地址
//------------------------------------------------------------------
//带入口参数的延时子函数
//------------------------------------------------------------------
        void delay(unsigned int time)
          { char i;
              for(;time>0;time--)          //外循环
              { for(i=0;i<5;i++);}         //内循环实现循环套延时
          }
//------------------------------------------------------------------
//带入口参数的 273 输出子函数
//------------------------------------------------------------------
        void led_out(unsigned char dat)
          { Out_port = ~dat; }            //取反后通过 273 输出
//------------------------------------------------------------------
//主程序
//------------------------------------------------------------------
        void main(void)
          {       char i=0;
            led_out(0x11); delay(30000); //初始状态两路红灯点亮
          while(1)                        //实现无限循环
```

```
    { led_out(0x12);                  //东西路口绿灯亮;南北路口红灯亮
            delay(30000);             //延时 3 秒
            while(i<5)                //黄灯闪烁次数
            {   led_out(0x10);        //东西路口绿灯灭;南北路口红灯亮
                delay(1000);          //延时 0.2 秒
                led_out(0x14);        //东西路口黄灯亮;南北路口红灯亮
                delay(1000);          //延时 0.2 秒
                i++;                  //黄灯闪烁 5 次结束循环
            }
        led_out(0x11);                //两个红灯亮,黄灯、绿灯灭
        delay(1000);                  //延时 0.2 秒
        led_out(0x21);                //东西路口红灯亮;南北路口绿灯亮
        delay(30000);                 //延时 3 秒
        i=0;                          //
        while(i<5)                    //黄灯闪烁次数
            {   led_out(0x01);        //东西路口红灯亮;南北路口绿灯灭
                delay(1000);          //延时 0.2 秒
                led_out(0x41);        //东西路口红灯亮;南北路口黄灯亮
                delay(1000);          //延时 0.2 秒
                i++;                  //黄灯闪烁 5 次结束循环
            }
    }
```

2.3.5 简单 I/O 口扩展实验（2）（实验五）

一、实验目的

1. 学习在单片机系统中扩展简单 I/O 口的方法。
2. 学习数据输入，输出程序的编制方法。

二、实验设备

EL-MUT-III 型单片机实验箱、8051CPU 模块。

三、实验原理

MCS-51 外部扩展空间很大，但数据总线口和控制信号线的负载能力是有限的。若需要扩展的芯片较多，则 MCS-51 总线口的负载过重，74LS244 是一个扩展输入口，同时也是一个单向驱动器，以减轻总线口的负担。

程序中加了一段延时程序，以减少总线口读写的频繁程度。延时时间约为 0.01 秒，不会影响显示的稳定。

四、实验内容

利用 74LS244 作为输入口，读取开关状态，利用 74LS273 作为输出口，并将此状态通过发光二极管显示出来。

五、实验原理图

实验原理图如图 2-39 所示。

图 2-39　简单 I/O 实验原理图

六、实验步骤

1. 74LS244 的 IN0～IN7 接开关的 K1～K8，片选信号 CS244 接 CS1。

2. 74LS273 的 O0～O7 接发光二极管的 L1～L8，片选信号 CS273 接 CS2。

3. 编程、全速执行。

4. 拨动开关 K1～K8，观察发光二极管状态的变化。

七、程序框图

程序框图如图 2-40 所示。

八、参考程序

图 2-40　程序框图

1. 汇编语言参考程序：T5.ASM。

```
;--------------------------------------------------------------
;名称  T5.ASM
;--------------------------------------------------------------
        NAME    T5              ;I/O 口扩展实验
        CSEG    AT 0000H
        LJMP START
        CSEG    AT  4100H
        INPORT  EQU 0CFA8H      ;定义 74LS244 端口地址
        OUTPORT EQU 0CFB0H      ;定义 74LS273 端口地址
;--------------------------------------------------------------
;以下是主函数
```

```
;------------------------------------------------------------------
   START: MOV  DPTR, #INPORT      ;输入口 244 的地址
   LOOP:  MOVX A, @DPTR           ;输入，读开关状态
          MOV  DPTR, #OUTPORT     ;输出口 273 的地址
          MOVX @DPTR, A           ;输出，写显示开关状态
          MOV  R7, #10H           ;延时外循环初值
;------------------------------------------------------------------
;延时子程序
;------------------------------------------------------------------
          DEL0:  MOV R6, #0FFH    ;内循环初值
          DEL1:  DJNZ R6, DEL1    ;内循环 255 次
                 DJNZ R7, DEL0    ;外循环 16 次
                 JMP  START       ;无限循环
                 END
```

2. C 语言参考程序：T5.C。

```
//------------------------------------------------------------------
//名称 T5.C
//------------------------------------------------------------------
#include  <reg51.h> //预包含针对单片机的特殊功能寄存器和位名称的定义
#include  <absacc.h>            //预包含一些常用运算函数
#define Out_port XBYTE[0xcfa0]  //预定义 Out_port 是片外 273 地址
#define In_port XBYTE[0xcfa8]   //预定义 In_port 是片外 244 地址
//------------------------------------------------------------------
//带入口参数的延时程序
//------------------------------------------------------------------
        void delay(unsigned int time)
          { for(;time>0;time--); }
//------------------------------------------------------------------
//主程序
//------------------------------------------------------------------
              void main(void)
               { while(1)                //实现无限循环
                { Out_port = In_port;     //读输入，并且写输出
                  delay(10);              //调用延时函数
                 }
               }
```

2.3.6 中断实验——有急救车的交通灯控制实验（实验六）

一、实验目的

1. 学习外部中断技术的基本使用方法。
2. 学习中断处理程序的编程方法。

二、实验设备

EL-MUT-III 型单片机实验箱、8051CPU 模块。

三、实验内容

在实验三的内容的基础上增加允许急救车优先通过的要求。当有急救车到达时，两个方向上的红灯亮，以便让急救车通过，假定急救车通过路口的时间为 10 秒，急救车通过后，交通灯恢复中断前的状态。本实验以单脉冲为中断申请，表示有急救车通过。

四、实验原理

本实验中断处理程序的应用，最主要的地方是如何保护进入中断前的状态，使得中断程序执行完毕后能回到交通灯中断前的状态。要保护的地方，除了累加器 ACC、标志寄存器 PSW 外，还要注意：一是主程序中的延时程序和中断处理程序中的延时程序不能混用，本实验给出的程序中，主程序延时用的是 R5、R6、R7，中断延时用的是 R3、R4 和新的 R5。第二，主程序中每执行一步经 74LS273 的端口输出数据的操作时，应先将所输出的数据保存到一个单元中。因为进入中断程序后也要执行往 74LS273 端口输出数据的操作，中断返回时如果没有恢复中断前 74LS273 端口锁存器的数据，则显示往往出错，回不到中断前的状态。

还要注意一点，主程序中往端口输出数据操作要先保存再输出，例如有如下操作：

```
MOV   A，#0F0H        （0）
MOVX @R1，A          （1）
MOV   SAVE，A        （2）
```

程序如果正好执行到（1）时发生中断，转入中断程序，假设中断程序返回主程序前需要执行一句 MOV   A，SAVE 指令，由于主程序中没有执行（2），故 SAVE 中的内容实际上是前一次放入的而不是（0）语句中给出的 0F0H，显示出错，将（1）、（2）两句顺序颠倒一下则没有问题。发生中断时两方向的红灯一起亮 10 秒，然后返回中断前的状态。

五、实验原理图

实验原理图如图 2-41 所示。

图 2-41 中断实验原理图

六、实验步骤

74LS273 的输出 O0～O7 接发光二极管 L1～L8，74LS273 的片选 CS273 接片选信号 CS2，此时 74LS273 的片选地址为 CFB0H～CFB7H 之间任选。

单脉冲输出端 P-接 CPU 板上的 INT0。

七、程序框图

程序框图如图 2-42 和图 2-43 所示。

图 2-42　主程序图

图 2-43　中断程序图

八、参考程序

1. 汇编语言参考程序：T6.ASM。

```
;-------------------------------------------------------------
;名称 T6.ASM
;-------------------------------------------------------------
        NAME    T6              ;名称伪指令，中断控制实验
        OUTPORT EQU  0CFB0H     ;定义输出端口地址
        SAVE    EQU  55H        ;save 保存从端口 cfa0 输出的数据
        CSEG    AT   0000H      ;程序开始地址
            LJMP   START        ;进主程序
        CSEG AT  4003H          ;外中断 0 的入口地址（注意加上 4000H）
            LJMP   INT          ;进入外中断
        CSEG AT  4100H          ;主程序开始地址
;-------------------------------------------------------------
;以下是主程序
;-------------------------------------------------------------
START:    SETB   IT0            ;设置外中断 0 下降沿触发
          SETB   EX0            ;外中断 0 允许
          SETB   EA             ;中断总允许
          MOV    A, #11H        ;置首显示码，两路红灯亮
          MOV    SAVE, A        ;输出前先保存，防止中断出错
            ACALL DISP          ;调用 273 输出，显示输出
            ACALL DE3S          ;延时 3 秒
    LLL:  MOV    A, #12H        ;东西路口绿灯亮，南北路口红灯亮
          MOV    SAVE, A        ;输出前先保存，防止中断出错
            ACALL  DISP         ;调用 273 输出，显示输出
            ACALL  DE10S        ;延时 10 秒
          MOV    A, #10H        ;东西路口绿灯灭
          MOV    SAVE, A        ;输出前先保存，防止中断出错
            ACALL  DISP         ;调用 273 输出，显示输出
          MOV    R2, #05H       ;东西路口黄灯闪烁 5 次
    TTT:  MOV    A, #14H        ;东西路口黄灯亮；南北路口红灯亮
          MOV    SAVE, A        ;输出前先保存，防止中断出错
            ACALL  DISP         ;调用 273 输出，显示输出
            ACALL  DE02S        ;延时 0.2 秒
          MOV    A, #10H        ;东西路口黄灯灭；南北路口红灯亮
          MOV    SAVE, A        ;输出前先保存，防止中断出错
            ACALL  DISP         ;调用 273 输出，显示输出
            ACALL  DE02S        ;延时 0.2 秒
            DJNZ   R2, TTT      ;返回 TTT，使东西路口黄灯闪烁 5 次
          MOV    A, #11H        ;红灯全亮
          MOV    SAVE, A        ;输出前先保存，防止中断出错
            ACALL  DISP         ;调用 273 输出，显示输出
            ACALL  DE02S        ;延时 0.2 秒
          MOV    A, #21H        ;东西路口红灯亮，南北路口绿灯亮
          MOV    SAVE, A        ;输出前先保存，防止中断出错
            ACALL  DISP         ;调用 273 输出，显示输出
            ACALL  DE10S        ;延时 10 秒
```

```
              MOV    A, #01H          ;南北路口绿灯灭
              MOV    SAVE, A          ;输出前先保存, 防止中断出错
                ACALL  DISP           ;调用 273 输出, 显示输出
              MOV    R2, #05H         ;南北路口黄灯闪烁 5 次
GGG:   MOV    A, #41H          ;东西路口红灯亮;南北路口黄灯亮
              MOV    SAVE, A          ;输出前先保存, 防止中断出错
                ACALL  DISP           ;调用 273 输出, 显示输出
                ACALL  DE02S          ;延时 0.2 秒
              MOV    A, #01H          ;东西路口红灯亮;南北路口黄灯灭
              MOV    SAVE, A          ;输出前先保存, 防止中断出错
                ACALL  DISP           ;调用 273 输出, 显示输出
                ACALL  DE02S          ;延时 0.2 秒
                DJNZ   R2, GGG        ;返回 GGG, 使南北路口黄灯闪烁 5 次
              MOV    A, #11H          ;红灯全亮
              MOV    SAVE, A          ;输出前先保存, 防止中断出错
                ACALL  DISP           ;调用 273 输出, 显示输出
                ACALL  DE02S          ;延时 0.2 秒
                JMP    LLL            ;转 LLL, 实现无限次循环
;--------------------------------------------------------------------
;多入口的延时子程序
;--------------------------------------------------------------------
DE10S: MOV    R5, #100         ;延时 10 秒
            JMP    DE1
DE3S:  MOV    R5, #30          ;延时 3 秒
            JMP    DE1
DE02S: MOV    R5, #02          ;延时 0.2 秒
;--------------------------------------------------------------------
;主循环体
;--------------------------------------------------------------------
 DE1:   MOV    R6, #200
 DE2:   MOV    R7, #126
 DE3:   DJNZ   R7, DE3
            DJNZ   R6, DE2
            DJNZ   R5, DE1
            RET
  ;------------------------------------------------------------------
 ;外中断 0 的中断服务程序, 实现两路口同时红灯并延时 10 秒
 ;------------------------------------------------------------------
INT:   CLR    EA               ;关中断
            PUSH   ACC          ;入栈保护 ACC
            PUSH   PSW          ;入栈保护 PSW;
            MOV    A, R5                         ;
            PUSH   ACC          ;入栈保护 R5, 延时时间外循环初值
            MOV    A, #11H      ;红灯全亮, 绿、黄灯全灭
            ACALL  DISP         ;调用 273 输出, 显示输出
DEL10S: MOV    R3, #100         ;延时 10 秒
DEL1:  MOV    R2, #200
DEL2:  MOV    R5, #126
```

```
DEL3:   DJNZ   R5, DEL3
        DJNZ   R4, DEL2
        DJNZ   R3, DEL1        ;延时结束
        MOV    A, SAVE         ;取 SAVE 中保存数据输出到 cfa0 端口
        ACALL  DISP            ;调用 273 输出，显示输出
          POP    ACC           ;出栈
          MOV    R5, A         ;恢复 R5
          POP    PSW           ;出栈恢复 PSW
          POP    ACC           ;出栈恢复 ACC
          SETB   EA            ;允许外部中断
          RETI                 ;结束中断返回
;--------------------------------------------------------------
;显示子程序
;--------------------------------------------------------------
DISP:   MOV DPTR, #OUTPORT     ;取输出口地址
        CPL    A               ;取反
        MOVX   @DPTR, A        ;通过 273 输出
        RET                    ;子程序返回
        END
```

2. C 语言参考程序：T6.C。

```
//--------------------------------------------------------------
//名称 T6.C
//--------------------------------------------------------------
   #include  <reg51.h>      //预包含特殊功能寄存器和位名称的定义
   #include  <absacc.h>     //预包含一些常用运算函数
   #define  Out_port XBYTE[0xcfb0] //预定义 Out_port 是片外 RAM 地址
//--------------------------------------------------------------
//带入口参数的延时函数
//--------------------------------------------------------------
   void delay(unsigned int time)
     { char i;
      for(;time>0;time--)
      for(i=0;i<5;i++);
     }
//--------------------------------------------------------------
//带入口参数的显示函数
//--------------------------------------------------------------
   void led_out(unsigned char dat)
     { Out_port = ~dat;  }
//--------------------------------------------------------------
//中断的初始化
//--------------------------------------------------------------
     void init()
     {IT0=1;                         //设置外中断 0 下降沿触发
       EX0=1;                        //外中断 0 允许
       EA=1;}                        //中断总允许
//--------------------------------------------------------------
//主程序
//--------------------------------------------------------------
```

```
      void main(void)
      { char i=0;
        init () ;                        //调用初始化
        led_out(0x11);  delay(30000);    //初始状态两路红灯点亮
        while(1)                         //实现无限循环
          { led_out(0x12);               //东西路口绿灯亮;南北路口红灯亮
            delay(30000);                //延时 3 秒
            while(i<5)                   //黄灯闪烁次数
              { led_out(0x10);           //东西路口绿灯灭;南北路口红灯亮
                delay(1000);             //延时 0.2 秒
                led_out(0x14);           //东西路口黄灯亮;南北路口红灯亮
                delay(1000);             //延时 0.2 秒
                i++;                     //黄灯闪烁 5 次结束循环
              }
            led_out(0x11);               //两个红灯亮,黄灯、绿灯灭
            delay(1000);                 //延时 0.2 秒
            led_out(0x21);               //东西路口红灯亮;南北路口绿灯亮
            delay(30000);                //延时 3 秒
            i=0;                         //
            while(i<5)                   //黄灯闪烁次数
              { led_out(0x01);           //东西路口红灯亮;南北路口绿灯灭
                delay(1000);             //延时 0.2 秒
                led_out(0x41);           //东西路口红灯亮;南北路口黄灯亮
                delay(1000);             //延时 0.2 秒
                i++;                     //黄灯闪烁 5 次结束循环
              }
          }
//-------------------------------------------------------------------------------
//外中断 0 的中断服务程序
//-------------------------------------------------------------------------------
      void urgent(void) interrupt 0
        { EA = 0;                        //关中断
          led_out(0x11);                 //两路口亮红灯
          delay(30000);                  //延时
          EA = 1;                        //开中断
        }
```

2.3.7 定时器实验——循环彩灯实验（实验七）

一、实验目的

1. 学习 8031 内部计数器的使用和编程方法。
2. 进一步掌握中断处理程序的编写方法。

二、实验设备

EL-MUT-III 型单片机实验箱、8051CPU 模块。

三、实验原理

1. 定时常数的确定

定时器/计数器的输入脉冲周期与机器周期一样，为振荡频率的 1/12。本实验中时钟频率为 6.0MHZ，现采用中断方法来实现 0.5 秒延时，要在定时器 1 中设置一个时间常数，使其每隔 0.1 秒产生一次中断，CPU 响应中断后将 R0 中计数值减一，令初值 R0=05H，即可实现 0.5 秒延时。

时间常数可按下述方法确定：

机器周期=12÷晶振频率=12/(6×10^6)=2μs

设计数初值为 X，则（2^{16}-X）×2×10^{-6}s=0.1s，可求得 X=15535。

化为十六进制则 X=3CAFH，故初始值为 TH1=3CH，TL1=AFH。

2. 初始化程序

包括定时器初始化和中断系统初始化，主要是对 IP、IE、TCON、TMOD 的相应位进行正确的设置，并将时间常数送入定时器中。由于只有定时器中断，IP 便不必设置。

3. 设计中断服务程序和主程序

中断服务程序除了要完成计数减一工作外，还要将时间常数重新送入定时器中，为下一次中断做准备。主程序则用来控制发光二极管按要求顺序燃灭。

四、实验题目

由 8031 内部定时器 1 按方式 1 工作，即作为 16 位定时器使用，每 0.1 秒钟 T1 溢出中断一次。P1 口的 P1.0～P1.7 分别接发光二极管的 L1～L8。要求编写程序模拟一循环彩灯。彩灯变化花样可自行设计。例程给出的变化花样为：①L1、L2、…、L8 依次点亮；②L1、L2、…、L8 依次熄灭；③L1、L2、…、L8 全亮、全灭。各时序间隔为 0.5 秒。让发光二极管按以上规律循环显示下去。

五、实验电路

实验电路如图 2-44 所示。

图 2-44　循环彩灯实验原理图

六、实验步骤

P1.0~P1.7 分别接发光二极管 L1~L8 即可。

七、参考程序

1. 汇编语言参考程序：T7.ASM。

```
;------------------------------------------------------------
;名称  T7.ASM
;------------------------------------------------------------
NAME    T7                       ;定时器实验
OUTPORT EQU 0CFB0H
CSEG AT 0000H
    LJMP START
CSEG AT 401BH                    ;定时器/计数器 1 中断程序入口地址
    LJMP INT
CSEG AT 4100H
;------------------------------------------------------------
;以下是主程序
;------------------------------------------------------------
START: MOV    A, #01H            ;首显示码
       MOV    R1, #03H           ;03 是偏移量，即从基址寄存器到表首的距离
       MOV    R0, #5H            ;05 是计数值
       MOV    TMOD, #10H         ;计数器置为方式 1
         MOV    TL1, #0AFH       ;装入时间常数
       MOV    TH1, #03CH
       ORL    IE, #88H           ;CPU 中断开放标志位和定时器
                                 ;1 溢出中断允许位均置位
       SETB   TR1               ;开始计数
LOOP1: CJNE   R0, #00, DISP      ;比较是否跳转到 DISP
         MOV    R0, #5H          ;R0 计数计完一个周期，重置初值
       INC    R1                 ;表地址偏移量加 1
       CJNE   R1, #31H, LOOP2    ;比较是否跳转到 LOOP2
       MOV    R1, #03H           ;如到表尾，则重置偏移量初值
LOOP2: MOV    A, R1              ;从表中取显示码入累加器
       MOVC   A, @A+PC           ;读取外部数据
       JMP    DISP               ;跳转到 DISP
       DB     01H, 03H, 07H, 0FH, 1FH, 3FH, 7FH, 0FFH, 0FEH, 0FCH
       DB     0F8H, 0F0H, 0E0H, 0C0H, 80H, 00H, 0FFH, 00H, 0FEH
       DB     0FDH, 0FBH, 0F7H, 0EFH, 0DFH, 0BFH, 07FH, 0BFH, 0DFH
       DB     0EFH, 0F7H, 0FBH, 0FDH, 0FEH, 00H, 0FFH, 00H
DISP:  MOV    P1, A              ;将取得的显示码从 P1 口输出显示
       JMP    LOOP1              ;跳转到 LOOP1
INT:   CLR    TR1                ;停止计数
       DEC    R0                 ;计数值减一
       MOV    TL1, #0AFH         ;重置时间常数初值
```

```
        MOV    TH1, #03CH
        SETB   TR1                      ;开始计数
        RETI                            ;中断返回
        END
```

2．C 语言参考程序：T7.C。

```
//-------------------------------------------------------------------
//名称 T7.C
//-------------------------------------------------------------------
    #include    <reg51.h>
    char buf;
    void time1(void) interrupt 3
        {
            TR1 = 0;                    //给 TR1 赋初值
            TL1 = 0xaf;                 //装入时间常数
            TH1 = 0x3c;
            buf++;
            TR1 = 1;                    //开始计时
        }
//-------------------------------------------------------------------
//主函数
//-------------------------------------------------------------------
    void main(void)
        {
            unsigned char led=1;
            TMOD = 0x10;                //选择 T1 的工作模式为模式 1
            TL1 = 0xaf;                 //重置时间常数初值
            TH1 = 0x3c;
            IE = 0x88;                  //打开中断控制器
            TR1 = 1;                    //开始计时
            buf = 0;
            P1 = 0xfe;                  //给 P1 口赋初值
            while(1)                    //无限循环
              {
               if(buf==10)             //判断是否满足循环条件
                 {
                     led<<=1;
                     if(!led) led = 1;
                     P1 = ~led;         //P1 口取反
                     buf = 0;
                 }
              }
        }
```

八、程序框图

程序框图如图 2-45 和图 2-46 所示。

图 2-45 主程序图

图 2-46 中断程序图

2.3.8 数码管显示实验（实验八）

一、实验目的

1. 进一步掌握定时器的使用和编程方法。
2. 了解七段数码显示数字的原理。
3. 掌握用一个段锁存器，一个位锁存器同时显示多位数字的技术。

二、实验设备

EL-MUT-III 型单片机实验箱、8051CPU 模块。

三、实验原理

本试验采用动态显示。动态显示就是一位一位地轮流点亮显示器的各个位（扫描）。将 8031CPU 的 P1 口当作一个锁存器使用，74LS273 作为段锁存器。

四、实验内容

利用定时器 1 定时中断，控制电子钟走时，利用实验箱上的六个数码管显示分、秒，做成一个电子钟。显示格式为：　　　　　　　分　　秒定时时间常数计算方法为：

定时器 1 工作于方式 1，晶振频率为 6MHz，故预置值 Tx 为：

$(2^{16}-Tx) \times 2 \times 10^{-6}s=0.1s$

Tx=15535D=3CAFH，故 TH1=3CH，TL1=AFH

五、实验电路

实验电路如图 2-47 所示。

图 2-47 数码显示实验原理图

六、实验接线

将 P1 口的 P1.0～P1.5 与数码管的输入 LED6～LED1 相连，74LS273 的 O0～O7 与 LEDA～LEDDp 相连，片选信号 CS273 与 CS0 相连。去掉短路子连接。

七、程序框图

程序框图如图 2-48 所示。

图 2-48　程序框图

八、参考程序

1. 汇编语言参考程序：T10.ASM。

```
;------------------------------------------------------------------------
;名称 T10.ASM
;------------------------------------------------------------------------
  NAME    T10          ;数码显示实验
  PORT    EQU   0CFA0H
  BUF     EQU   23H     ;存放计数值
  SBF     EQU   22H     ;存放秒值
  MBF     EQU   21H     ;存放分值
  CSEG AT 0000H
     LJMP  START
  CSEG AT 401BH
     LJMP  CLOCK
  CSEG AT 4100H
;------------------------------------------------------------------------
```

```
;以下是主程序
;-----------------------------------------------------------------------
    START:  MOV    R0, #40H    ;40H～45H 是显示缓冲区, 依次存放
            MOV    A, #00H     ;分高位、分低位, 0A, 0A (横线)
            MOV    @R0, A      ;以及秒高位、秒底位
            INC    R0
            MOV    @R0, A
            INC    R0
            MOV    A, #0AH
            MOV    @R0, A
            INC    R0
            MOV    @R0, A
            INC    R0
            MOV    A, #00H
            MOV    @R0, A
            INC    R0
            MOV    @R0, A
            MOV    TMOD, #10H   ;定时器 1 初始化为方式 1
            MOV    TH1, #38H    ;置时间常数, 延时 0.1 秒
            MOV    TL1, #00H
            MOV    BUF, #00H    ;置 0
            MOV    SBF, #00H
            MOV    MBF, #00H
            SETB   ET1
            SETB   EA
            SETB   TR1
    DS1:    MOV    R0, #40H     ;置显示缓冲区首址
            MOV    R2, #01H     ;置扫描初值, 点亮最左边的 LED6
    DS2:    MOV    DPTR, #PORT
            MOV    A, @R0       ;得到的段显码输出到段数据口
            ACALL  TABLE
            MOVX   @DPTR, A
            MOV    A, R2        ;向位数据口 P1 输出位显码
            CPL    A
            MOV    P1, A
            MOV    R3, #0FFH    ;延时一小段时间
;-----------------------------------------------------------------------
;延时程序
;-----------------------------------------------------------------------
    DEL:    NOP
            DJNZ   R3, DEL
            INC    R0           ;显示缓冲字节加一
            CLR    C
            MOV    A, R2
            RLC    A            显码右移一位
            MOV    R2, A        ;最末一位是否显示完毕?, 如无则
            JNZ    DS2          ;继续往下显示
            MOV    R0, #45H
            MOV    A, SBF       ;把秒值分别放于 44H, 45H 中
            ACALL  GET
            DEC    R0           ;跳过负责显示"-"的两个字节
            DEC    R0
            MOV    A, MBF       ;把分值分别放入 40H, 41H 中
            ACALL  GET
```

```
            SJMP    DS1                  ;转 DS1 从头显示起
    TABLE:  INC     A                    ;取与数字对应的段码
            MOVC    A, @A+PC
            RET
            DB      3FH, 06H, 5BH, 4FH, 66H, 6DH, 7DH, 07H, 7FH, 6FH, 40H
    GET:    MOV     R1, A                ;把从分或秒字节中取来的值的高
            ANL     A, #0FH              ;位屏蔽掉，并送入缓冲区
            MOV     @R0, A
            DEC     R0
            MOV     A, R1                ;把从分或秒字节中取来的值的低
            SWAP    A
            ANL     A, #0FH              ;位屏蔽掉，并送入缓冲区
            MOV     @R0, A
            DEC     R0                   ;R0 指针下移一位
            RET
    CLOCK:  MOV     TL1, #0AFH           ;置时间常数
            MOV     TH1, #3CH
            PUSH    PSW
            PUSH    ACC
            INC     BUF                  ;计数加一
            MOV     A, BUF               ;计到 10 否?没有则转到 QUIT 退出中断
            CJNE    A, #0AH, QUIT
            MOV     BUF, #00H            ;置初值
            MOV     A, SBF
            INC     A                    ;秒值加一，经十进制调整后放入
            DA      A                    ;秒字节
            MOV     SBF, A
            CJNE    A, #60H, QUIT        ;计到 60 否?没有则转到 QUIT 退出中断
            MOV     SBF, #00H            ;是，秒字节清零
            MOV     A, MBF
            INC     A                    ;分值加一，经十进制调整后放入
            DA      A                    ;分字节
            MOV     MBF, A
            CJNE    A, #60H, QUIT        ;分值为 60 否?不是则退出中断
            MOV     MBF, #00H            ;是，清零
    QUIT:   POP     ACC
            POP     PSW
            RETI                         ;中断返回
            END
```

2. C 语言参考程序：T10.C。

```
#include    <reg51.h>
char buf;
void time1(void) interrupt 3
  {TR1 = 0;                         //给 TR1 赋初值
   TL1 = 0xaf;                      //置时间常数
   TH1 = 0x3c;
   buf++;
   TR1 = 1;                         //开始计数
  }
void main(void)
  {unsigned char led=1;
```

```
    TMOD = 0x10;                          //选择 T1 的工作模式为模式 1
    TL1 = 0xaf;                           //重新装入时间常数
    TH1 = 0x3c;
    IE = 0x88;                //打开中断控制器
    TR1 = 1;                  //开始计数
    buf = 0;
    while(1)
      { if(buf==10)
              {led<<=1;
               if(!led) led = 1;
               P1 = ~led;
               buf = 0;
               }
          }
    }
```

2.3.9 8279 显示接口实验（1）（实验九）

一、实验目的

1. 掌握在 8031 系统中扩展 8279 键盘显示接口的方法。
2. 掌握 8279 的工作原理和编程方法。
3. 进一步掌握中断处理程序的编程方法。

二、实验设备

EL-MUT-III 型单片机实验箱、8051CPU 模块。

三、实验原理

利用 8279 键盘显示接口电路和实验箱上提供的 2 个数码显示，做成一个电子钟。

利用 8279 可实现对键盘/显示器的自动扫描，以减轻 CPU 的负担，且具有显示稳定、程序简单、不会出现误动作等特点。本实验利用 8279 实现显示扫描自动化。

8279 操作命令字较多，根据需要来灵活使用，通过本实验可初步熟悉其使用方法。

电子钟做成如下格式：

XX   由左向右分别为十位、个位（秒）。

四、实验电路

实验电路如图 2-49 所示。

五、实验步骤

本试验不必接线。

六、程序框图

程序框图如图 2-50 所示。

图 2-49 8279 显示接口实验一

图 2-50 程序框图

七、参考程序

1. 汇编语言参考程序：T11.ASM。

```
;----------------------------------------------------------------
;名称  T11.ASM
;----------------------------------------------------------------
  NAME    T11                ;8279 显示实验一
  PORT    EQU   0CFE8H
  BUF     EQU   24H
  EC      EQU   21H
  CSEG    AT  0000H
      LJMP  START
  CSEG    AT  400BH
      LJMP  CLOCK
  CSEG    AT   4100H
;----------------------------------------------------------------
;以下是主程序
;----------------------------------------------------------------
  START: MOV   DPTR, #PORT+1    ;8279 显示 RAM 全部清零
         MOV   A, #0D1H         ;累加器 A 装入初值
         MOVX  @DPTR, A         ;输出 A 的值
         MOV   TMOD, #01H       ;定时器 0 设置为方式一
         MOV   TL0, #0AFH       ;置时间常数，每 0.1 秒中断一次
         MOV   TH0, #3CH
         MOV   SEC, #00H
         MOV   BUF, #00H
         SETB  ET0              ;打开 T0 的中断控制位
         SETB  EA               ;打开中断总开关
         SETB  TR0              ;开始计时
  LOOP:  MOV   DPTR, #PORT+1    ;写显示缓冲 RAM 命令
         MOV   A, #80H
         MOVX  @DPTR, A
         MOV   R1, #21H         ;秒字节地址入 R1
         MOV   DPTR, #PORT      ;8279 数据端口地址
  DL0:   MOV   A, @R1           ;取相应的时间值
         MOV   R2, A            ;存入 R2 中
         SWAP  A
         ANL   A, #0FH          ;获取高半字节
         ACALL TABLE
         MOVX  @DPTR, A         ;送入缓冲区
         MOV   DPTR, #PORT+1    ;写显示缓冲 RAM 命令
         MOV   A, #81H
         MOVX  @DPTR, A
         MOV   DPTR, #PORT
         MOV   A, R2
         ANL   A, #0FH          ;获取低半字节
         ACALL TABLE
         MOVX  @DPTR, A
         LJMP  LOOP             ;否则从头开始显示
  TABLE: INC   A                ;取相应段显码
         MOVC  A, @A+PC
```

```
        RET
        DB      3FH, 06H, 5BH, 4FH, 66H
        DB      6DH, 7DH, 07H, 7FH, 6FH
CLOCK:  MOV     TL0, #0AFH          ;重置时间常数
        MOV     TH0, #3CH
        PUSH    ACC                 ;断点保护
        PUSH    PSW
        INC     BUF                 ;计数值加一
        MOV     A, BUF
        CJNE    A, #0AH, ENDT       ;到一秒了吗?没有则退到 ENDT
        MOV     BUF, #00H           ;到一秒了，计数值置零
        MOV     A, SEC
        INC     A                   ;秒值加一，经十进制调整
        DA      A
        MOV     SEC, A              ;送回秒字节
        CJNE    A, #60H, ENDT       ;秒值为 60 否?
        MOV     SEC, #00H           ;是，清零
ENDT:   POP     PSW                 ;恢复断点
        POP     ACC
        RETI                        ;中断返回
        END
```

2. C 语言参考程序：T11.C。

```
//--------------------------------------------------------------------------
//名称 T11.C
//--------------------------------------------------------------------------
    #include    <reg51.h>
    #include    <absacc.h>
    #define     Led_dat     XBYTE[0xcfe8]
    #define     Led_ctl     XBYTE[0xcfe9]
    struct  time
      {
       char minute;
       char second;
      };
     struct time  current_time;
     void Display_byte(unsigned char loc, unsigned char dat)
      {
         unsigned char table[]={0x3f, 0x06, 0x5b, 0x4f, 0x66, 0x6d, 0x7d, 0x07,
                           0x7f, 0x6f, 0x40};
      loc &=0xf;
      Led_ctl = loc|0x80;
      if(dat==0xaa) Led_dat = table[10];
      else Led_dat = table[dat/10];      /*显示 10 进制数的十位数*/
      loc++;
      Led_ctl = loc|0x80;
      if(dat==0xaa) Led_dat = table[10];
      else Led_dat = table[dat%10];          /*显示 10 进制数的个位数*/
      }
//--------------------------------------------------------------------------
//延时子程序
//--------------------------------------------------------------------------
    void time1(void) interrupt 3
```

```
      {
      static buf=0;
      TR1 = 0;
      TL1 = 0xaf;
      TH1 = 0x3c;
      buf++;
      if(buf>9)
        {
        buf=0;
        current_time.second++;
        if(current_time.second>59)
          {
          current_time.second = 0;
          current_time.minute++;
          if(current_time.minute>59)
           current_time.minute=0;
          }
        }
      Display_byte(4, current_time.second);
      Display_byte(0, current_time.minute);
      TR1 = 1;
      }
//------------------------------------------------------------
//以下是主程序
//------------------------------------------------------------
    void main(void)
      {
      TMOD = 0x10;
      TL1 = 0xaf;
      TH1 = 0x3c;
      IE = 0x88;
      Led_ctl = 0xd1;
      while((Led_ctl&0x80)==0x80);
      Led_ctl = 0x31;
      current_time.minute = 0;
      current_time.second = 0;
      Display_byte(2, 0xaa);
      TR1 = 1;
      while(1);
      }
```

2.3.10 8279 键盘显示接口实验（2）（实验十）

一、实验目的

1. 进一步了解 8279 键盘、显示电路的编程方法。
2. 进一步了解键盘电路工作原理及编程方法。

二、实验设备

EL-MUT-III 型单片机实验箱、8051CPU 模块。

三、实验原理

本实验用到了 8279 的键盘输入部分。键盘部分提供的扫描方式最多可和 64 个按键或传感器阵列相连，能自动消除开关抖动以及对多键同时按下采取保护。

由于键盘扫描由 8279 自动实现，简化了键盘处理程序的设计，因而编程的主要任务是实现对扫描值进行适当处理，以两位十六进制数将扫描码显示在数码管上。

注： 可省略对 8279 进行初始化，因为监控程序对 8279 已经进行了初始化。

四、实验内容

利用实验箱上提供的 8279，键盘电路，数码显示电路，组成一个键盘分析电路，编写程序，要求在键盘上按动一个键，就将 8279 对此键扫描的扫描码显示在数码管上。

五、实验电路

实验电路如图 2-51 所示。

图 2-51　8279 键盘显示接口实验二

六、实验接线

将键盘的 KA10～KA12 接 8279 的 KA0～KA2，RL10～RL17 接 8255A 的 RL0～RL7。

七、参考程序

1. 汇编语言参考程序：T12.ASM。

```
;-----------------------------------------------------------------------
;名称  T12.ASM
;-----------------------------------------------------------------------
  NAME T12                   ;8279 键盘实验二
  CSEG AT 0000H
  LJMP START
  CSEG AT 4100H
;-----------------------------------------------------------------------
;以下是主程序
;-----------------------------------------------------------------------
  START: MOV DPTR, #0CFE9H    ;8279 命令字
         MOV A, #0D1H         ;清显示
         MOVX @DPTR, A        ;读取 A 的值
  LOOP1: MOVX A, @DPTR        ;将值送给 A
         ANL A, #0FH          ;屏蔽 A 的高四位
         JZ LOOP1             ;有键按下？没有则循环等待
         MOV A, #0A0H         ;显示\消隐命令
         MOVX @DPTR, A        ;读取 A 的值
         MOV A, #40H          ;读 FIFO 命令
         MOVX @DPTR, A        ;读取 A 的值
         MOV DPTR, #0CFE8H    ;读键值
         MOVX A, @DPTR        ;将值送给 A
         MOV R1, A            ;保存键值
         MOV DPTR, #0CFE9H    ;写显示 RAM 命令
         MOV A, #81H          ;选中 LED2
         MOVX @DPTR, A        ;读取 A 的值
         MOV A, R1
         ANL A, #0FH          ;取后半字节
         MOV DPTR, #TAB
         MOVC A, @A+DPTR      ;取段显码
         MOV DPTR, #0CFE8H    ;写显示 RAM
         MOVX @DPTR, A
         MOV DPTR, #0CFE9H    ;写显示 RAM 命令
         MOV A, #80H          ;选中 LED1
         MOVX @DPTR, A
         MOV A, R1
         ANL A, #0F0H
         SWAP A               ;取后半字节
         MOV DPTR, #TAB
         MOVC A, @A+DPTR      ;取段显码
         MOV DPTR, #0CFE8H    ;写显示 RAM
         MOVX @DPTR, A
         MOV DPTR, #0CFE9H
         SJMP LOOP1
```

```
TAB:        DB 3FH, 06H, 5BH, 4FH, 66H, 6DH, 7DH, 07H   ;段显码表
            DB 7fh, 6fh, 77h, 7ch, 39h, 5eh, 79h, 71h
            END
```

2. C 语言参考程序：T12.C。

```
//----------------------------------------------------------------------
//名称  T12.C
//----------------------------------------------------------------------
    #include    <reg51.h>
    #include    <absacc.h>
    #define     Led_dat         XBYTE[0xcfe8]
    #define     Led_ctl         XBYTE[0xcfe9]
//----------------------------------------------------------------------
//调用的子程序
//----------------------------------------------------------------------
    void Display_byte(unsigned char loc, unsigned char dat)
      {
        Unsigned char table[]={0x3f, 0x06, 0x5b, 0x4f, 0x66, 0x6d, 0x7d, 0x07,
                         0x7f, 0x6f, 0x77, 0x7c, 0x39, 0x5e, 0x79, 0x71};
        loc &=0xf;
        Led_ctl = loc|0x80;
        Led_dat = table[dat>>4];        /*显示高 4 位*/
        loc++;
        Led_ctl = loc|0x80;
        Led_dat = table[dat&0xf];       /*显示低 4 位 */
      }
//----------------------------------------------------------------------
//主程序
//----------------------------------------------------------------------
    void main(void)
      {
      Led_ctl = 0xd1;
      while((Led_ctl&0x80)==0x80);
      Led_ctl = 0x31;
      while(1)
        {
        if((Led_ctl&0xf)==0)  continue;
        Led_ctl = 0x40;
        Display_byte(0, Led_dat);
        }
      }
```

八、实验提示

编译全速运行程序后，按某一键，数码管将显示键值，可仔细观察键与键值的对应关系。

2.3.11 串行口实验（1）——单机实验（实验十一）

一、实验目的

1. 掌握 8031 串行口方式 1 的工作方式及编程方法。

2. 掌握串行通信中波特率的设置。

3. 在给定通信波特率的情况下，会计算定时间常数。

二、实验设备

EL-MUT-III 型单片机实验箱、8051CPU 模块。

三、实验原理

MCS-51 单片机串行通信的波特率随串行口工作方式选择的不同而不同，它除了与系统的振荡频率 f，电源控制寄存器 PCON 的 SMOD 位有关外，还与定时器 T1 的设置有关。

1. 在工作方式 0 时，波特率固定不变，仅与系统振荡频率有关，其大小为 f/12。

2. 在工作方式 2 时，波特率也只固定为两种情况：

当 SMOD=1 时，波特率=f/32。

当 SMOD=0 时，波特率=f/64。

3. 在工作方式 1 和 3 时，波特率是可变的：

当 SMOD=1 时，波特率=定时器 T1 的溢出率/16。

当 SMOD=0 时，波特率=定时器 T1 的溢出率/32。

其中，定时器 T1 的溢出率=f/(12×(256-N))，N 为 T1 的定时时间常数。

在实际应用中，往往是给定通信波特率，而后去确定时间常数。例如：f=6.144MHZ，波特率等于 1200，SMOD=0 时，则 1200=6144000/(12×32×(256-N))，计算得 N=F2H。

例程中设置串行口工作于方式 1，SMOD=0，波特率为 1200。

循环彩灯的变化花样与实验六相同。也可自行设计变化花样。

四、实验内容

利用 8031 串行口发送和接收数据，并将接收的数据通过扩展 I/O 口 74LS273 输出到发光二极管显示，结合延时来模拟一个循环彩灯。

五、实验连线

8031 的 TXD 接 RXD，74LS273 的 CS273 接 CS0，O0～O7 接发光二极管的 L1～L8。

六、参考程序

1. 汇编语言参考程序：T13.ASM。

```
;--------------------------------------------------------------
;名称 T13.ASM
;--------------------------------------------------------------
  NAME    T13              ;串行口实验一
  CSEG    AT   0000H
          LJMP  START
  CSEG    AT   4100H
  PORT    EQU  0CFA0H
;--------------------------------------------------------------
;以下是主程序
```

```
       START: MOV   TMOD, #20H           ;选择定时器模式 2，计时方式
              MOV   TL1, #0F2H           ;预置时间常数，波特率为 1200
              MOV   TH1, #0F2H
              MOV   87H, #00H            ;PCON=00，使 SMOD=0
              SETB  TR1                  ;启动定时器 1
              MOV   SCON, #50H           ;串行口工作于方式 1，允许串行接收
              MOV   R1, #12H             ;R1 中存放显示计数值
              MOV   DPTR, #TABLE         ;DPTR 读表
              MOV   A, DPL               ;将 DLP 的值给 A
              MOV   DPTR, #L1
              CLR   C                    ;将 C 清零
              SUBB  A, DPL               ;计算偏移量
              MOV   R5, A                ;存放偏移量
              MOV   R0, A
       SEND:  MOV   A, R0
              MOVC  A, @A+PC             ;取显示码
       L1:    MOV   SBUF, A             ;通过串行口发送显示码
       WAIT:  JBC   RI, L2              ;接收中断标志为 0 时循环等待
              SJMP  WAIT
       L2:    CLR   RI                  ;接收中断标志清零
              CLR   TI                  ;发送中断标志清零
              MOV   A, SBUF             ;接收数据送 A
              MOV   DPTR, #PORT
              MOVX  @DPTR, A            ;显码输出
              ACALL DELAY               ;延时 0.5 秒
              INC   R0                  ;偏移量下移
              DJNZ  R1, SEND            ;为零，置计数初值和偏移量初值
              MOV   R1, #12H
              MOV   A, R5
              MOV   R0, A
              JMP   SEND                ;跳转到 SEND
       TABLE: DB 01H, 03H, 07H, 0FH, 1FH, 3FH, 7FH, 0FFH, 0FEH
              DB 0FCH, 0F8H, 0F0H, 0E0H, 0C0H, 80H, 00H, 0FFH, 00H
;-----------------------------------------------------------------
;延时 0.5s 子程序
;-----------------------------------------------------------------
       DELAY: MOV   R4, #05H     ;延时 0.5 秒
       DEL1:  MOV   R3, #200
       DEL2:  MOV   R2, #126
       DEL3:  DJNZ  R2, DEL3
              DJNZ  R3, DEL2
              DJNZ  R4, DEL1
              RET
              END
```

2. C 语言参考程序：T13.C。

```
//-----------------------------------------------------------------
//名称 T13.C
```

```
//------------------------------------------------------------
    #include    <reg51.h>
    #include    <absacc.h>
    #define     out_port    XBYTE[0xcfa0]
//------------------------------------------------------------
//延时子程序
//------------------------------------------------------------
    void delay(unsigned int t)
      {
        for(;t>0;t--);
      }
//------------------------------------------------------------
//主程序
//------------------------------------------------------------
    void main(void)
      {
        char transmit = 0, receiv;
        TMOD = 0x20;
        TL1 = 0xf2;
        TH1 = 0xf2;
        PCON = 0;
        SCON = 0x50;
        TR1 = 1;
        while(1)
          {
            TI = 0;
            SBUF = transmit;
            while(RI)
              {
                RI = 0;
                receiv = SBUF;
                if(receiv<8)
                  out_port = ~((1<<receiv));
                else
                  out_port = ~((1<<(15-receiv)));
              }
            transmit++;
            if(transmit==16) transmit = 0;
            delay(3000);
          }
      }
```

2.3.12 串行口实验（2）——双机实验（实验十二）

一、实验目的

1. 掌握串行口工作方式的程序设计，掌握单片机通信程序的编制。
2. 了解实现串行通信的硬件环境，数据格式、数据交换的协议。

二、实验设备

EL-MUT-III 型单片机实验箱、8051CPU 模块。

三、实验内容

利用 8031 串行口，实现双机通信。编写程序让甲机负责发送，乙机负责接收，从甲机的键盘上键入数字键 0～F，在两个实验箱上的数码管上显示出来。如果键入的不是数字按键，则显示"Error"错误提示。

四、实验原理及电路

本实验通信模块由两个独立的模块组成：甲机发送模块和乙机接收模块。

MCS-51 单片机内串行口的 SBUF 有两个：接收 SBUF 和发送 SBUF，二者在物理结构上是独立的，单片机用它们来接收和发送数据。专用寄存器 SCON 和 PCON 控制串行口的工作方式和波特率。定时器 1 作为波特率发生器。

编程时注意两点：一是初始化，设置波特率和数据格式，二是确定数据传送方式。数据传送方式有两种：查询方式和中断方式。例程采用的是查询方式。

为确保通信成功，甲机和乙机必须有一个一致的通信协议，例程的通信协议如下。

通信双方均采用 2400 波特的速率传送，甲机发送数据，乙机接收数据。双机开始通信时，甲机发送一个呼叫信号"06"，询问乙机是否可以接收数据。乙机收到呼叫信号后，若同意接收数据则发回"00"作为应答，否则发"15"表示暂不能接收数据。甲机只有收到乙机的应答信号"00"后才可把要发送的数据发送给乙机，否则继续向乙机呼叫，直到乙机同意接收。其发送数据格式为：

字节数 n：甲机将向乙机发送的数据个数。

数据 1～数据 n：甲机将向乙机发送的 n 个数据。

累加校验和：字节数 n，数据 1，……，数据 n 这（n+1）个字节内容的算术累加和。

字节数 n	数据 1	数据 2	……	数据 n	累加校验和

乙机根据接收到的"校验和"判断已接收到的数据是否正确。若接收正确，向甲机回发"0F"信号，否则回发"F0"信号给甲机。甲机只有接到信号"0F"才算完成发送任务，否则继续呼叫，重发数据。实验线路示意图如图 2-52 所示。

图 2-52 实验线路示意图

五、实验步骤

甲机 8031CPU 板上的 TXD 接乙机的 RXD。

甲机的 RXD 接乙机的 TXD。

甲机的 GND 接乙机的 GND。

8279 与键盘、显示数码管的连线方法请参见实验十一和实验十二。

六、程序框图

程序框图如图 2-53 所示。

图 2-53　程序框图

七、参考程序

1. 汇编语言程序名称：T14f.ASM，T14j.ASM。

```
;-----------------------------------------------------------------------
; 名称 T14f.ASM:
;-----------------------------------------------------------------------
   NAME    T14F              ;双机通信实验(发送程序)
   CSEG    AT    0000H
           LJMP  START
   CSEG    AT    4100H
   PORT    EQU   0CFE8H
;-----------------------------------------------------------------------
;以下是主程序
;-----------------------------------------------------------------------
   START: MOV   DPTR, #PORT+1    ;8279 命令字
          MOV   A, #0D1H         ;清除
          MOVX  @DPTR, A
   WAIT:  MOVX  A, @DPTR
          JB    ACC.7, WAIT      ;等待清除完毕
          MOV   TMOD, #20H       ;选择 T1 的工作模式为模式 2
          MOV   TH1,  #0F2H      ;装入时间常数
          MOV   TL1,  #0F2H
          SETB  TR1              ;开始计时
          MOV   SCON, #50H
          MOV   87H,  #80H
          MOV   50H,  #00H
          MOV   51H,  #00H
          MOV   52H,  #00H
          MOV   53H,  #00H
          MOV   54H,  #00H
          MOV   55H,  #00H
   LOOP1: MOVX  A, @DPTR
          ANL   A, #0FH          ;屏蔽 A 的高四位
          JZ    LOOP1            ;有键按下?
          MOV   A, #0A0H         ;显示消隐命令
          MOVX  @DPTR, A
          MOV   DPTR, #PORT      ;读键值
          MOVX  A, @DPTR
          ANL   A, #3FH
          MOV   R7, A            ;状态保存
          MOV   50H, 51H
          MOV   51H, 52H
          MOV   52H, 53H
          MOV   53H, 54H
          MOV   54H, 55H
   LOP:   MOV   A,   R7
          MOV   DPTR, #TAB1
          MOVC  A, @A+DPTR       ;查取数字键的字型码
          MOV   55H, A
          mov   40h, a
```

```
          SUBB   A, #80H
          JZ     ERROR           ;非数字键则跳转
          ACALL  DISP
          SJMP   TXACK
DISP:     MOV    DPTR, #PORT+1
          MOV    A, #90H
          MOVX   @DPTR, A
          MOV    R6, #06H
          MOV    R1, #50H
          MOV    DPTR, #PORT
DL0:      MOV    A, @R1
          MOVX   @DPTR, A
          INC    R1
          DJNZ   R6, DL0
          RET
TXACK:    MOV    A, #06H          ;发呼叫信号"06"
          MOV    SBUF, A
WAIT1:    JBC    TI, RXYES        ;等待发送完一个字节
          SJMP   WAIT1
RXYES:    JBC    RI, NEXT1        ;等待乙机回答
          SJMP   RXYES
NEXT1:    MOV    A, SBUF          ;判断乙机是否同意接收, 不同意继续呼叫
          CJNE   A, #00H, TXACK
          MOV    A, 40H
          MOV    SBUF, A
WAIT2:    JBC    TI, TXNEWS
          SJMP   WAIT2
TXNEWS:   JBC    RI, IF0DDH
          SJMP   TXNEWS
IF0DDH:   MOV    A, SBUF
          CJNE   A, #0FH, TXACK   ;判断乙机是否接收正确, 不续呼叫
          MOV    DPTR, #0CFE9H
          LJMP   LOOP1
ERROR:    MOV    50H, #79H
          MOV    51H, #31H
          MOV    52H, #31H
          MOV    53H, #5CH
          MOV    54H, #31H
          MOV    55H, #80H
          LCALL  DISP
DD:       MOV    DPTR, #PORT+1
          MOVX   A, @DPTR
          ANL    A, #0FH          ;屏蔽A的高四位
          JZ     DD               ;有键按下?
          MOV    A, #0A0H          ;显示消隐命令
          MOVX   @DPTR, A
          MOV    DPTR, #0CFE8H    ;读键值
          MOVX   A, @DPTR
          ANL    A, #3FH
          MOV    R7, A            ;状态保存
          MOV    50H, #00H
          MOV    51H, #00H
```

```
              MOV   52H,  #00H
              MOV   53H,  #00H
              MOV   54H,  #00H
              LJMP  LOP
       TAB1:  DB 3FH, 06H, 5BH, 4FH, 80H, 80H  ;键值字型码表
              DB 66H, 6DH, 7DH, 07H, 80H, 80H
              DB 7FH, 6FH, 77H, 7CH, 80H, 80H
              DB 39H, 5EH, 79H, 71H, 80H, 80H
              DB    80H, 80H, 80H, 80H
              END


;--------------------------------------------------------------------
; 名称 T14j.ASM:
;--------------------------------------------------------------------
       NAME   T14J              ;双机通信实验
       CSEG   AT    0000H
              LJMP  START
       CSEG   AT    4100H
       PORT   EQU   0CFE8H
;--------------------------------------------------------------------
;以下是主程序
;--------------------------------------------------------------------
       START: MOV   DPTR, #PORT+1  ;8279命令字
              MOV   A, #0D1H       ;清除
              MOVX  @DPTR, A
       WAIT:  MOVX  A, @DPTR
              JB    ACC.7, WAIT    ;等待清除完毕
              MOV   TMOD, #20H
              MOV   TH1,  #0F2H    ;初始化定时器
              MOV   TL1,  #0F2H
              SETB  TR1
              MOV   SCON, #50H     ;初始化串行口
              MOV   87H,  #80H
              MOV   50H,  #00H
              MOV   51H,  #00H
              MOV   52H,  #00H
              MOV   53H,  #00H
              MOV   54H,  #00H
              MOV   55H,  #00H
              SJMP  RXACK
       DISP:  MOV   DPTR, #PORT+1
              MOV   A,    #90H
              MOVX  @DPTR, A
              MOV   R6,   #06H
              MOV   R1,   #50H
              MOV   DPTR, #PORT
       DL0:   MOV   A, @R1
              MOVX  @DPTR, A
              INC   R1
              DJNZ  R6, DL0
              RET
       RXACK: JBC   RI, IF06H      ;接收呼叫信号
              SJMP  RXACK
```

```
    IF06H: MOV   A, SBUF           ;判断呼叫是否有误
           CJNE  A, #06H, TX15H
    TX00H: MOV   A, #00H
           MOV   SBUF, A
    WAIT1: JBC   TI, RXBYTES      ;等待应答信号发送完
           SJMP  WAIT1
    TX15H: MOV   A, #0F0H          ;向甲机报告接收的呼叫信号不正确
           MOV   SBUF, A
    WAIT2: JBC   TI, HAVE1
           SJMP  WAIT2
    HAVE1: SJMP  RXACK
    RXBYTES:JBC  RI, HAVE2
           SJMP  RXBYTES
    HAVE2: MOV   A, SBUF
           MOV   R7, A
           MOV   A, #0FH
           MOV   SBUF, A
    WAIT3: JBC   TI, LOOP1
           SJMP  WAIT3
    LOOP1: MOV   DPTR, #PORT+1
           MOV   A, #0A0H          ;显示消隐命令
           MOVX  @DPTR, A
           MOV   50H, 51H
           MOV   51H, 52H
           MOV   52H, 53H
           MOV   53H, 54H
           MOV   54H, 55H
           MOV   A, R7
           MOV   55H, A
           LCALL DISP
           LJMP  RXACK
           END
```

2. C 语言参考程序：T14.C。

```
//---------------------------------------------------------------
//名称  T14.C
//---------------------------------------------------------------
    #include    <reg51.h>
    #include    <absacc.h>
    #define     out_port    XBYTE[0xcfe8]
//---------------------------------------------------------------
//延时子程序
//---------------------------------------------------------------
    void delay(unsigned int t)
      {
       for(;t>0;t--);
      }
//---------------------------------------------------------------
//主程序
//---------------------------------------------------------------
    void main(void)
      {
       char transmit = 0, receiv;
```

```
            TMOD = 0x20;
            TL1 = 0xf2;
            TH1 = 0xf2;
            PCON = 0;
            SCON = 0x50;
            TR1 = 1;
            while(1)
              {
                TI = 0;
                SBUF = transmit;
                while(RI)
                  {
                    RI = 0;
                    receiv = SBUF;
                    if(receiv<8)
                      {
                        for(;receiv>=0;receiv--)
                          out_port = ~((1<<1)|1);
                      }
                    else
                      {
                        for(;receiv>7;receiv--)
                          out_port = 0xff<<1;
                      }
                  }
              transmit++;
              if(transmit==16) transmit = 0;
              delay(30000);
            }
}
```

2.3.13 D/A 转换实验（实验十三）

一、实验目的

1. 了解 D/A 转换的基本原理。
2. 了解 D/A 转换芯片 0832 的性能及编程方法。
3. 了解单片机系统中扩展 D/A 转换的基本方法。

二、实验设备

EL-MUT-III 型单片机实验箱、8051CPU 模块。

三、实验内容

利用 DAC0832，编制程序产生锯齿波、三角波、正弦波。三种波形轮流显示。

四、实验原理

D/A 转换是把数字量转换成模拟量的变换，从 D/A 输出的是模拟电压信号。产生锯齿波和三角波只需由 A 存放的数字量的增减来控制。要产生正弦波，较简单的手段是造一张正弦数字量表。取值范围为一个周期，采样点越多，精度就越高。

本实验中，输入寄存器占偶地址端口，DAC 寄存器占较高的奇地址端口。两个寄存器均对数据独立进行锁存。因而要把一个数据通过 0832 输出，要经两次锁存。典型程序段如下：

```
MOV    DPTR，#PORT
MOV    A，#DATA
MOVX   @DPTR, A
INC    DPTR
MOVX   @DPTR, A
```

其中，第二次 I/O 写是一个虚拟写过程，其目的只是产生一个 WR 信号。启动 D/A。如图 2-54 所示。如图 2-54 所示

五、实验电路

图 2-54 D/A 转换实验

六、实验步骤

1. DAC0832 的片选 CS0832 接 CS0，输出端 OUT 接示波器探头。
2. 将短路端子 DS 的 1、2 短路。

七、程序框图

程序框图如图 2-55 所示。

八、参考程序

1. 汇编语言参考程序：T15.ASM。

```
;实验接线：DAC0832 的片选 CS0832 接 CS0，输出端 OUT 接示波器探头。
;-------------------------------------------------------------
;名称  T15.ASM
;-------------------------------------------------------------
  NAME T15              ;0832 数模转换实验
```

图 2-55 程序框图

```
        PORT EQU   0CFA0H
        CSEG AT    4000H
             LJMP  START
        CSEG AT 4100H
```
;--
;以下是主程序
;--
```
        START: MOV R1, #02H      ;置计数初值于 R1
               ACALL PRG1        ;显示锯齿波
               MOV  R1, #01H     ;置计数初值于 R1
               ACALL PRG2        ;显示三角波
               MOV  R1, #01H     ;置计数初值于 R1
               ACALL PRG3        ;显示正弦波
               LJMP  START       ;转 START 循环显示
        PRG1:  MOV DPTR, #PORT+1 ;DAC 寄存器端口地址送 DPTR
               MOV A, #00H       ;初值送 ACC
        LOOP:  MOV B, #0FFH
        LOOP1: MOV  DPTR, #PORT  ;DAC 输入寄存器端口地址
               MOVX @DPTR, A     ;送出数据
               INC  DPTR         ;加一, 为 DAC 寄存器端口地址
               MOVX @DPTR, A     ;启动转换
               INC  A            ;数据加一
               CJNE A, #0FFH, LOOP1
               MOV  A, #00H
               DJNZ B, LOOP1
               DJNZ R1, LOOP     ;计数值减到 40H 了吗?没有则继续
               RET               ;产生锯齿波
        PRG2:  MOV DPTR, #PORT+1
               MOV A, #00H
        LP0:   MOV B, #0FFH
        LP1:   MOV  DPTR, #PORT  ;LP1 循环产生三角波前半周期
               MOVX @DPTR, A
               INC  DPTR
               MOVX @DPTR, A
               INC  A
               CJNE A, #0FFH, LP1 ;数据为 FFH 吗?不等则转 LP1
               MOV  R2, #0FEH
        LP2:   MOV  DPTR, #PORT  ;LP2 循环产生三角波后半周期
               MOV  A, R2
               MOVX @DPTR, A
               INC  DPTR
               MOVX @DPTR, A
               DJNZ R2, LP2
               DJNZ B, LP1
               DJNZ R1, LP0      ;计数值到 80H 则退出执行下一步
               RET
        PRG3:  MOV B, #00H
        LP3:   MOV DPTR, #DATA0
               MOV R4, #0FFH     ;FFH 为 DATA0 表中的数据个数
        LP4:   MOVX A, @DPTR     ;从表中取数据
```

```
              MOV  R3, DPH
              MOV  R5, DPL
              MOV  DPTR, #PORT
              MOVX @DPTR, A
              INC  DPTR
              MOVX @DPTR, A
              MOV  DPH, R3
              MOV  DPL, R5
              INC  DPTR            ;地址下移
              DJNZ R4, LP4
              DJNZ B, LP3
              DJNZ R1, PRG3
              RET
      DATA0:  DB  80H, 83H, 86H, 89H, 8DH, 90H, 93H, 96H
              DB  99H, 9CH, 9FH, 0A2H, 0A5H, 0A8H, 0ABH, 0AEH
              DB  0B1H, 0B4H, 0B7H, 0BAH, 0BCH, 0BFH, 0C2H, 0C5H
              DB  0C7H, 0CAH, 0CCH, 0CFH, 0D1H, 0D4H, 0D6H, 0D8H
              DB  0DAH, 0DDH, 0DFH, 0E1H, 0E3H, 0E5H, 0E7H, 0E9H
              DB  0EAH, 0ECH, 0EEH, 0EFH, 0F1H, 0F2H, 0F4H, 0F5H
              DB  0F6H, 0F7H, 0F8H, 0F9H, 0FAH, 0FBH, 0FCH, 0FDH
              DB  0FDH, 0FEH, 0FFH, 0FFH, 0FFH, 0FFH, 0FFH, 0FFH
              DB  0FFH, 0FFH, 0FFH, 0FFH, 0FFH, 0FFH, 0FEH, 0FDH
              DB  0FDH, 0FCH, 0FBH, 0FAH, 0F9H, 0F8H, 0F7H, 0F6H
              DB  0F5H, 0F4H, 0F2H, 0F1H, 0EFH, 0EEH, 0ECH, 0EAH
              DB  0E9H, 0E7H, 0E5H, 0E3H, 0E1H, 0DEH, 0DDH, 0DAH
              DB  0D8H, 0D6H, 0D4H, 0D1H, 0CFH, 0CCH, 0CAH, 0C7H
              DB  0C5H, 0C2H, 0BFH, 0BCH, 0BAH, 0B7H, 0B4H, 0B1H
              DB  0AEH, 0ABH, 0A8H, 0A5H, 0A2H, 9FH, 9CH, 99H
              DB  96H, 93H, 90H, 8DH, 89H, 86H, 83H, 80H
              DB  80H, 7CH, 79H, 76H, 72H, 6FH, 6CH, 69H
              DB  66H, 63H, 60H, 5DH, 5AH, 57H, 55H, 51H
              DB  4EH, 4CH, 48H, 45H, 43H, 40H, 3DH, 3AH
              DB  38H, 35H, 33H, 30H, 2EH, 2BH, 29H, 27H
              DB  25H, 22H, 20H, 1EH, 1CH, 1AH, 18H, 16H
              DB  15H, 13H, 11H, 10H, 0EH, 0DH, 0BH, 0AH
              DB  09H, 8H, 7H, 6H, 5H, 4H, 3H, 2H
              DB  02H, 1H, 0H, 0H, 0H, 0H, 0H, 0H
              DB  00H, 0H, 0H, 0H, 0H, 0H, 1H, 2H
              DB  02H, 3H, 4H, 5H, 6H, 7H, 8H, 9H
              DB  0AH, 0BH, 0DH, 0EH, 10H, 11H, 13H, 15H
              DB  16H, 18H, 1AH, 1CH, 1EH, 20H, 22H, 25H
              DB  27H, 29H, 2BH, 2EH, 30H, 33H, 35H, 38H
              DB  3AH, 3DH, 40H, 43H, 45H, 48H, 4CH, 4EH
              DB  51H, 51H, 55H, 57H, 5AH, 5DH, 60H, 63H
              DB  69H, 6CH, 6FH, 72H, 76H, 79H, 7CH, 80H
              END
```

2. C 语言参考程序：T15.C。

```
//------------------------------------------------------------------------
//名称 T15.C
//------------------------------------------------------------------------
     #include   <reg51.h>
     #include   <absacc.h>
     #include<math.h>
```

```
    #define      da_port       XBYTE[0xcfa0]
    #define      buf_port XBYTE[0xcfa1]
//------------------------------------------------------------------------
//调用的子程序
//------------------------------------------------------------------------
    void delay(unsigned int t)
      {
      for(;t>0;t--);
      }
    void da_conv(unsigned char dat)
      {
      da_port = dat;
      buf_port = dat;
      }
    void triangle(void)
      {
      unsigned char dat=0, count=0;
      while(count<50)
        {
          for(dat=0;dat<0xff;dat++)
          {
            da_conv(dat);
            delay(1);
          }
          for(dat=0xff;dat>0;dat--)
          {
            da_conv(dat);
            delay(1);
          }
          count++;
        }
      }
    void sawtooth(void)
      {
      unsigned char dat=0, count=0;
      while(count<100)
        {
          for(dat=0;dat<0xff;dat++)
          {
            da_conv(dat);
            delay(1);
          }
          count++;
        }
      }
    void sinwave(void)
      {
      unsigned char dat, num, count=0;
      while(count<10)
        {
          for(num=0;num<=200;num+=4)
            {
              dat = (unsigned char)((1+sin(((float)(num)/100)*3.14))*0x80);
              da_conv(dat);
            }
```

```
            count++;
          }
      }
    void square(void)
      {
        unsigned char count=0;
        while(count<100)
          {
          da_conv(0xff);
          delay(200);
          da_conv(0);
          delay(200);
          count++;
          }
      }
//------------------------------------------------------------
//主程序
//------------------------------------------------------------
    void main(void)
      {
      while(1)
        {
          square();
          triangle();
          sawtooth();
          sinwave();
        }
      }
```

2.3.14　A/D 转换实验（实验十四）

一、实验目的

1．掌握 A/D 转换与单片机的接口方法。

2．了解 A/D 芯片 ADC0809 转换性能及编程方法。

3．通过实验了解单片机如何进行数据采集。

二、实验设备

EL-MUT-III 型单片机实验箱、8051CPU 模块。

三、实验内容

利用实验台上的 ADC0809 做 A/D 转换器，实验箱上的电位器提供模拟电压信号输入，编制程序，将模拟量转换成数字量，用数码管显示模拟量转换的结果。

四、实验原理

A/D 转换器大致有三类：一是双积分 A/D 转换器，优点是精度高，抗干扰性好，价格便宜，但速度慢；二是逐次逼近法 A/D 转换器，精度、速度、价格适中；三是并行 A/D 转换器，速度快，价格也昂贵。

实验用的 ADC0809 属第二类，是八位 A/D 转换器。每采集一次需 100μs。

ADC0809 START 端为 A/D 转换启动信号，ALE 端为通道选择地址的锁存信号。实验电路中将其相连，以便同时锁存通道地址并开始 A/D 采样转换，故启动 A/D 转换只需如下两条指令：

        MOV   DPTR，#PORT

        MOVX   @DPTR，A

A 中为何内容并不重要，这是一次虚拟写。

在中断方式下，A/D 转换结束后会自动产生 EOC 信号，将其与 8031CPU 板上的 INT0 相连接。在中断处理程序中，使用如下指令即可读取 A/D 转换的结果：

        MOV   DPTR，#PORT

        MOVX   A，@DPTR

五、实验电路

实验电路如图 2-56 所示。

图 2-56 A/D 转换实验

六、实验步骤

1. 0809 的片选信号 CS0809 接 CS0。

2. 电位器的输出信号 AN0 接 0809 的 ADIN0。

3. EOC 接 CPU 板的 INT0。

七、程序框图

实验电路如图 2-57 所示。

八、参考程序

1. 汇编语言参考程序：T16.ASM。

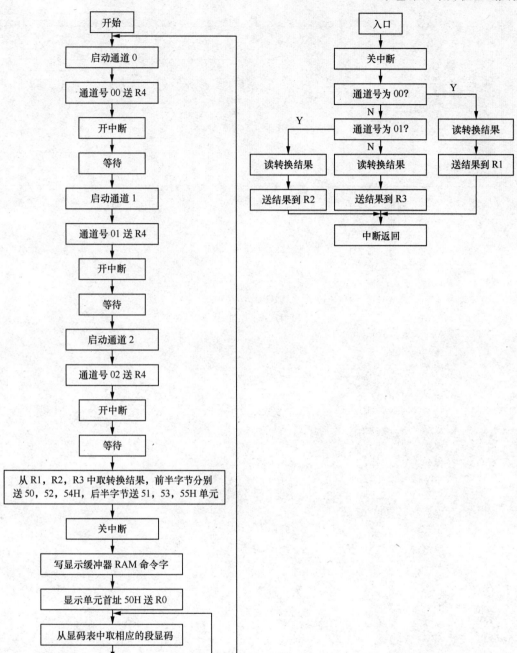

图 2-57 程序框图

```
;--------------------------------------------------------------
;名称 T16.ASM
;--------------------------------------------------------------
  NAME T16                         ;0809 实验
  PORT EQU  0CFA0H
  CSEG AT 0000H
       LJMP START
  CSEG AT 4100H
;--------------------------------------------------------------
;以下是主程序
;--------------------------------------------------------------
  START: MOV   DPTR, #PORT      ;启动通道 0
         MOVX  @DPTR, A
         MOV   R0, #0FFH
  LOOP1: DJNZ  R0, LOOP1        ;等待中断
         MOVX  A, @DPTR
         MOV   R1, A
  DISP:  MOV   A, R1            ;从 R1 中取转换结果
         SWAP  A                ;分离高四位和低四位
         ANL   A, #0FH          ;并依次存放在 50H 到 51H 中
         MOV   50H, A
         MOV   A, R1
         ANL   A, #0FH
         MOV   51H, A
  LOOP:  MOV   DPTR, #0CFE9H    ;写显示 RAM 命令字
         MOV   A, #90H
         MOVX  @DPTR, A
         MOV   R0, #50H         ;存放转换结果地址初值送 R0
         MOV   R1, #02H
         MOV   DPTR, #0CFE8H    ;8279 数据口地址
  DL0:   MOV   A, @R0
         ACALL  TABLE           ;转换为显码
         MOVX  @DPTR, A         ;送显码输出
         INC   R0
         DJNZ  R1, DL0
         SJMP  DEL1
  TABLE: INC   A
         MOVC  A, @A+PC
         RET
  DB     3FH, 06H, 5BH, 4FH, 66H, 6DH, 7DH, 07H
  DB     7FH, 6FH, 77H, 7CH, 39H, 5EH, 79H, 71H
  DEL1:  MOV   R6, #255         ;延时一段时间使显示更稳定
  DEL2:  MOV   R5, #255
  DEL3:  DJNZ  R5, DEL3
         DJNZ  R6, DEL2
         LJMP START             ;循环
         END
```

2. C 语言参考程序：T16.C。

```
//--------------------------------------------------------------
//名称 T16.C
```

```
//--------------------------------------------------------------------
    #include     <reg51.n>
    #include     <absacc.h>
    #define      Led_dat      XBYTE[0xcfe8]
    #define      Led_ctl      XBYTE[0xcfe9]
    #define      ad_port      XBYTE[0xcfa0]
//--------------------------------------------------------------------
//调用的子程序
//--------------------------------------------------------------------
    void Display_byte(unsigned char loc, unsigned char dat)
     {
     unsigned char table[]={0x3f, 0x06, 0x5b, 0x4f, 0x66, 0x6d, 0x7d, 0x07, 0x7f,
0x6f, 0x77, 0x7c, 0x39, 0x5e, 0x79, 0x71};
     loc &=0xf;
     Led_ctl = loc|0x80;
     Led_dat = table[dat>>4];          /*显示高 4 位*/
     loc++;
     Led_ctl = loc|0x80;
     Led_dat = table[dat&0xf];         /*显示低 4 位*/
     }
    void delay(unsigned int t)
     {
     for(;t>0;t--);
     }
//--------------------------------------------------------------------
//主程序
//--------------------------------------------------------------------
    void main(void)
     {
     Led_ctl = 0xd1;
     while((Led_ctl&0x80)==0x80);
     Led_ctl = 0x31;
     while(1)
       {
       ad_port = 0;
       while(INT0);
       while(!INT0);
       Display_byte(0, ad_port);
       delay(10000);
       }
     }
```

2.3.15 存储器扩展实验（实验十五）

一、实验目的

1. 掌握 PC 存储器扩展的方法。
2. 熟悉 62256 芯片的接口方法。

二、实验设备

EL-MUT-III 型单片机实验箱、8051CPU 模块。

三、实验内容

向外部存储器的 7000H 到 8000H 区间循环输入 00～0FFH 数据段。设置断点，打开外部数据存储器观察窗口，设置外部存储器的窗口地址为 7000H～7FFFH。全速运行程序，当程序运行到断点处时，观察 7000H～7FFFH 的内容是否正确。

四、实验原理图

实验系统上的两片 6264 的地址范围分别为：3000H～3FFFH，4000H～7FFFH，既可作为实验程序区，也可作为实验数据区。62256 的所有信号均已连好。

五、程序框图

程序框图如图 2-58 所示。

图 2-58 程序框图

六、参考程序

1. 汇编语言参考程序：T17.ASM。

```
;------------------------------------------------------------
;名称 T17.ASM
;------------------------------------------------------------
  NAME   T17                    ;扩展 RAM 实验
  CSEG   AT   0000H
         LJMP START
  CSEG   AT   4100H
;------------------------------------------------------------
```

```
;以下是主程序
;-----------------------------------------------------------------
   START:  MOV DPTR, #7000H        ;起始地址送 DPTR
   LOOP1:  MOV A, #00H             ;置数据初值
   LOOP:   MOVX @DPTR, A           ;读取 A 的值
           ADD A, #01H             ;数据加一
           INC DPTR                ;地址加一
           MOV R0, DPH
           CJNE R0, #80H, LOOP     ;数据是否写完，没写完则继续
           NOP                     ;在此处设置断点
           SJMP START              ;跳转到 START
           END
```

2. C 语言参考程序：T17.C。

```
//-----------------------------------------------------------------
//名称  T17.C
//-----------------------------------------------------------------
      #include   <reg51.h>
//-----------------------------------------------------------------
//主程序
//-----------------------------------------------------------------
   void main(void)
     {
     unsigned char *sour, *den, tmp;
     int num;
     sour = (unsigned char xdata *)(0x7000);
     den = (unsigned char  xdata *)(0x8000);
     for(num=0;num<0x1000;num++)
        *(sour+num) = num&0xff;
     for(num=0;num<0x1000;num++)
        *(den+num) = *(sour+num);
      while(1);/* 此处设置断点观察内存 8000H--8fff 的内容是否与
                   7000--7fffHH 的内容一致*/
     }
```

2.3.16　8253 定时器实验（实验十六）

一、实验目的

1. 学习 8253 扩展定时器的工作原理。
2. 学习 8253 扩展定时器的使用方法。

二、实验设备

EL-MUT-III 型单片机实验箱、8051CPU 模块。

三、实验内容

向 8253 定时控制器写入控制命令字，通过示波器观察输出波形。

四、实验接线

1. 8253 的片选 CS8253 与 CS0 相连，8253CLK0 与 CLK3 相连，OUT0 与 8253CLK1 相连。
2. 示波器的信号探头与 OUT0 相连，OUT1 与发光二极管的输入 L8 相连。

五、实验原理图

实验原理图如图 2-59 所示。

图 2-59　8253 定时器实验原理图

图 2-60　程序框图

六、程序框图

程序框图如图 2-60 所示。

七、实验提示

8253 是自动控制系统中经常使用的可编程定时器/计数器，其内部有三个相互独立的计数器，分别称为 T0，T1，T2。8253 有多种工作方式，其中方式 3 为方波方式。当计数器设好初值后，计数器递减计数，在计数值的前一半输出高电平，后一半输出低电平。实验中，T0 的时钟由 CLK3 提供，其频率为 750kHz。程序中，T0 的初值设为 927CH（37500 十进制），则 OUT0 输出的方波周期为（$37500 \times 4/3 \times 10^{-6} = 0.05s$）。T1 采用 OUT0 的输出为时钟，则在 T2 中设置初值为 n 时，则 OUT2 输出方波周期为 $n \times 0.05s$。n 的最大值为 FFFFH，所以 OUT2 输出方波最大周期为 3276.75s（=54.6 分钟）。可见，采用计数器叠加使用后，输出周期范围可以大幅度提高，这在实际控制中是非常有用的。

八、参考程序

1. 汇编语言参考程序：T18.ASM。

```
;------------------------------------------------------------
;名称  T18.ASM
;------------------------------------------------------------
  NAME T18                              ;8253 实验
  CSEG AT  4000H
     AJMP START
  CSEG AT  4030H
;------------------------------------------------------------
;以下是主程序
;------------------------------------------------------------
  START:  MOV    DPTR, #0CFA3H
          MOV    A, #36H              ;计数器 0 为模式 3
          MOVX   @DPTR, A             ;读取 A 的值
          MOV    DPTR, #0CFA0H        ;给 DPTR 赋值
          MOV    A, #7CH              ;计数值
          MOVX   @DPTR, A             ;读取 A 的值
          MOV    A, #92H              ;给 A 赋值
          MOVX   @DPTR, A             ;读取 A 的值
          MOV    DPTR, #0CFA3H        ;计数器 1 为模式 3
          MOV    A, #76H              ;给 A 赋值
          MOVX   @DPTR, A             ;读取 A 的值
          MOV    DPTR, #0CFA1H        ;给 DPTR 赋值
          MOV    A, #5H               ;计数值
          MOVX   @DPTR, A             ;读取 A 的值
          MOV    A, #05H              ;
          MOVX   @DPTR, A
  START1: NOP
          SJMP   START1               ;循环
          END
```

2. C 语言参考程序：T18.C。

```
//------------------------------------------------------------
//名称 T18.C
//------------------------------------------------------------
    #include    <reg51.h>
    #include    <absacc.h>
    #define     TA       XBYTE[0xcfa0]
    #define     TB       XBYTE[0xcfa1]
    #define     TC       XBYTE[0xcfa2]
    #define     TCTL     XBYTE[0xcfa3]
//------------------------------------------------------------
//主程序
//------------------------------------------------------------
    void main(void)
      {
      TCTL = 0x36;
      TA = 0x7c;
      TA = 0x92;
      TCTL = 0x76;
      TB = 00;
      TB = 200;
```

```
    while(1);
    }
```

2.3.17 8259 中断控制器实验（实验十七）

一、实验目的

1. 学习 8259 中断扩展控制器的工作原理。
2. 学习 8259 中断扩展控制器的使用方法。

二、实验设备

EL-MUT-III 型单片机实验箱、8051CPU 模块。

三、实验内容

向 8259 中断扩展控制器写入控制命令字，通过发光二极管观察中断情况。

四、实验原理图

实验原理图如图 2-61 所示。

图 2-61 8259 中断控制器实验原理图

五、实验接线

1. 8259 的片选 CS8259 与 CS0 相连，51INTX 与 INT0 相连。
2. P1.0～P1.7 与发光二极管的输入 LED1～LED8 相连，P+逐次与 IR0～IR7 相连。

六、实验步骤

1. 编译、全速运行程序 T18.ASM，应能观察到发光二极管点亮约 2 秒后熄灭。

2. 先将 P+ 与 IR0 相连，按动 PULSE 按键，发光二极管 LED1 点亮，再按 PULSE 键，发光二极管 LED1 熄灭，依次将 P+ 与 IR1～IR7 相连，重复按动 PULSE 键，相应的 LED 发光二极管有亮、灭的交替变化。

七、程序框图

程序框图如图 2-62 所示。

图 2-62　程序框图

八、参考程序

1. 汇编语言参考程序：T19.ASM。

```
;******************试验接线********************
;1、8259的片选CS8259与CS0相连;51INTX与INT0相连;
;2、P1.0~P1.7与发光二极管的输入LED1~LED8相连;P+逐次与IR0~IR7相连
;------------------------------------------------------------------
;名称 T19.ASM
;------------------------------------------------------------------
  NAME    PROGRAM_8259
  CON0_8259 EQU     0CFA0H
  CON1_8259 EQU     0CFA1H
  CSEG AT  4000H
       LJMPSTART
  CSEG AT 4003H
       CLR EA
       MOV DPTR, #CON0_8259
       MOVX A, @DPTR
       MOVX A, @DPTR
       MOV R0, A
       MOVX A, @DPTR
       MOV DPH, A
       MOV A, R0
       MOV DPL, A
```

```
           CLR A
           JMP @A+DPTR
      CSEG AT 4030H
;------------------------------------------------------------------------
;以下是主程序
;------------------------------------------------------------------------
   START:MOV SP, #50H
         MOV DPTR, #CON0_8259
         MOV A, #96H ;SET  ICW1, ONLY ONE INTCONTROLOR(8259)
         MOVX @DPTR, A
         MOV DPTR, #CON1_8259
         MOV A, #40H  ;SET ICW2(HIGHT WORD OF INT VECTOR)
         MOVX @DPTR, A
         ;JMP START
         ;MOV A, #0FFH            ;SET  ICW1
         ;MOVX @DPTR, A
         ;MOV DPTR, #CON0_8259
         ;MOV A, #00H         ;SET  OCW2
         ;MOVX @DPTR, A
         ;MOV DPTR, #CON1_8259
         ;MOV A, #00H          ;SET  OCW3
         ;MOVX @DPTR, A
         MOV P1, #00H
         LCALL DELAY
         MOV P1, #0FFH
         CLR IT0
         SETB EX0
         SETB EA
    WAIT: AJMP WAIT
      CSEG AT  4080H
         AJMP IR0
      CSEG AT  4084H
         AJMP IR1
      CSEG AT  4088H
         AJMP IR2
      CSEG AT  408CH
         AJMP IR3
      CSEG AT  4090H
         AJMP IR4
      CSEG AT  4094H
         AJMP IR5
      CSEG AT  4098H
         AJMP IR6
      CSEG AT  409CH
         AJMP IR7
    IR0:  CPL P1.0
          ACALL DELAY
          AJMP EOI
    IR1:  CPL P1.1
          ACALL DELAY
          AJMP EOI
    IR2:  CPL P1.2
          ACALL DELAY
          AJMP EOI
    IR3:  CPL P1.3
          ACALL DELAY
```

```
              AJMP EOI
     IR4:  CPL P1.4
           ACALL DELAY
           AJMP EOI
     IR5:  CPL P1.5
           ACALL DELAY
           AJMP EOI
     IR6:  CPL P1.6
           ACALL DELAY
           AJMP EOI
     IR7:  CPL P1.7
           ACALL DELAY
     EOI:  MOV DPTR, #CON0_8259
           MOV A, #20H
           MOVX @DPTR, A
           SETB EA
           RETI
;------------------------------------------------------------------
;延时子程序
;------------------------------------------------------------------
     DELAY: MOV R1, #4H
     DELAY1:MOV R2, 0FFH
     DELAY2:MOV R3, #0FFH
     DELAY3:NOP
           DJNZ R3, DELAY3
           DJNZ R2, DELAY2
           DJNZ R1, DELAY1
           RET
           END
```

2. C 语言参考程序：T19.C。

```
//------------------------------------------------------------------
//名称 T19.C
//------------------------------------------------------------------
   #include    <reg51.h>
   #include    <absacc.h>
   #define     con0XBYTE[0xcfa0]
   #define     con1XBYTE[0xcfa1]
   unsigned int addr;
//------------------------------------------------------------------
//调用的子程序
//------------------------------------------------------------------
   void ext0(void) interrupt 0
     {
     EA = 0;
     addr = con0;
     addr = (con0-0x80)/4;
     if((P1>>addr)&1) P1 &= (~(1<<addr));
     else P1 |= (1<<addr);
     con0 = 0x20;
     EA = 1;
     }
//------------------------------------------------------------------
//主程序
```

```
//-----------------------------------------------------------
    void main(void)
    {
     con0 = 0x96;
     con1 = 0x40;
     P1 = 0xff;
     IT0 = 0;
     EX0 = 1;
     EA = 1;
     while(1);
    }
```

2.3.18 CPLD 实验（实验十八）

一、实验目的

1. 学习 CPLD 芯片的工作原理。
2. 学习 MAXPLUS-II 的编程方法。

二、实验设备

EL-MUT-III 型单片机实验箱、8051CPU 模块。

三、实验内容

由 PC 通过串口，与系统板的 JTAG 接口，下载编写的 CPLD 程序，通过试验加以验证。

四、实验原理图

实验原理图如图 2-63 所示。

图 2-63　CPLD 实验原理图

五、实验接线

1. 8255 的片选 CS8255 与 LCS0 相连。
2. PA.0～PA.7 与发光二极管的输入 LED1～LED8 相连。
3. PB.0～PB.7 与平推开关的输出 K1～K8 相连。

六、实验步骤

1. 将附带的 CPLD 程序通过 JTAG 接口下载到 CPLD 芯片 EPM7064。
2. 编译、全速运行程序 T19.ASM，拨动平推开关，相应的发光二极管有亮、灭变化。

七、实验提示

可以在 8000H～CFBF、CF0H～FFFFF 任意选择 LCS 信号，用户可自行试验，要注意测试程序的片选信号要与 CPLD 的值相一致。

八、CPLD 参考配置

CPLD 参考配置如图 2-64 所示。

图 2-64　CPLD 参考配置

九、参考程序

1. CPLD 汇编语言参考程序：T20.ASM。

```
TITLE "8051_USER ADRESS ENCODER";
library IEEE;
use IEEE.std_logic_1164.all;
use IEEE.std_logic_unsigned.all;
entity user_el_iii is
```

```
        port (
            Address          : IN    STD_LOGIC_VECTOR(15 DOWNTO 0);
            RD, WR, MIO, AEN        : IN    STD_LOGIC;
            IOWR, IORD, MEMW, MEMR       : IN    STD_LOGIC;
            LCS            : OUT   STD_LOGIC_VECTOR(7 DOWNTO 0)
            );
    end user_el_iii;
    ARCHITECTURE archde1 OF user_el_iii IS
    BEGIN
        --MEMW<='Z';
        --MEMR<='Z';
        --IOWR<='Z';
        --IORD<='Z';
        LCS<="11111110" WHEN (Address>"1100111111111111")AND(Address<"1101000010000000")
ELSE  --FROM D000 TO D07F
           "11111101" WHEN (Address>"1101000001111111")AND(Address<"1101000100000000")
ELSE  --FROM D080 TO D0FF
           "11111011" WHEN (Address>"1101000011111111")AND(Address<"1101000110000000")
ELSE  --FROM D100 TO D17F
           "11110111" WHEN (Address>"1101000101111111")AND(Address<"1101001000000000")
ELSE  --FROM D180 TO D1FF
           "11101111" WHEN (Address>"1101000111111111")AND(Address<"1101001010000000")
ELSE  --FROM D200 TO D27F
           "11011111" WHEN (Address>"1101001001111111")AND(Address<"1101001100000000")
ELSE  --FROM D280 TO D2FF
           "10111111" WHEN (Address>"1101001011111111")AND(Address<"1101010000000000")
ELSE  --FROM D300 TO D3FF  LARGE ADDRESS1 256 BYTES
           "01111111" WHEN (Address>"1101001111111111")AND(Address<"1101011000000000")
ELSE  --FROM D400 TO D5FF  LARGE ADDRESS2 512 BYTES
              "11111111";
      END archde1;
    ;THIS PROGRAM IS SUITABLE TO USER'S CPLD
    ;THE OPRATED IC IS 8255 AND SET PORT A AS OUT , PORT B AS IN
    A_ADR_8255  EQU      0D000H
    B_ADR_8255  EQU      0D001H
    C_ADR_8255  EQU      0D002H
    CON_8255    EQU      0D003H
    CSEG AT 0000H
          LJMP START
    CSEG AT 4100H
    START: MOV  A, #82H
          MOV DPTR, #CON_8255
          MOVX @DPTR, A
    LP0:  MOV DPTR, #B_ADR_8255
          MOVX A, @DPTR
          MOV DPTR, #A_ADR_8255
          MOVX @DPTR, A
          MOV  DPTR, #C_ADR_8255
          MOVX @DPTR, A
          AJMP LP0
          END
```

2. C 语言参考程序：T20.C。

```
//-------------------------------------------------------------------------
//名称 T20.C
//-------------------------------------------------------------------------
```

```
#include        <reg51.h>
#include        <absacc.h>
#define         PA        XBYTE[0xcfa0]
#define         PB        XBYTE[0xcfa1]
#define         PC        XBYTE[0xcfa2]
#define         PCTL      XBYTE[0xcfa3]
#define         clr_req 0x70
#define         set_req 0x71
```
//--
//调用的延时程序
//--
```
    void delay(void)
      {
      unsigned char time;
      for(time=100;time>0;time--);
      }
```
//--
//调用的子程序
//--
```
    void writebyte(unsigned char dat)
      {
      while((PC&0x80)==0x80);
      PCTL = clr_req;
      PA = dat;
      PCTL = set_req;
      while((PC&0x80)!=0x80);
      PCTL = clr_req;
      delay();
      }
```
//--
//调用的子程序
//--
```
    void writechar(char column, char line, unsigned char dat1, unsigned char dat2)
      {
      writebyte(0xf0);
      writebyte(column);
      writebyte(line);
      writebyte(dat1);
      writebyte(dat2);
      }
```
//--
//主程序
//--
```
    void main(void)
      {
      char tmp;
      unsigned char table1[]={17, 17, 30, 9, 30, 11, 50, 39, 20, 79, 42, 2};
      unsigned char table2[]={31, 38, 28, 28, 51, 48, 47, 62, 25, 11, 43, 30};
      PCTL = 0x88;
      writebyte(0xf4);
      for(tmp=0;tmp<6;tmp++)
        {
          writechar(tmp+1, 0, table1[tmp*2], table1[tmp*2+1]);
        }
      for(tmp=0;tmp<6;tmp++)
```

```
        {
            writechar(tmp+1, 1, table2[tmp*2], table2[tmp*2+1]);
        }
    while(1);
}
```

2.3.19 LCD 显示实验（实验十九）

一、实验目的

1. 学习液晶显示的编程方法，了解液晶显示模块的工作原理。
2. 掌握液晶显示模块与单片机的接口方法。

二、所需设备

EL-MUT-III 型单片机实验箱、8051CPU 模块。

三、实验内容

编程实现在液晶显示屏上显示中文汉字"北京理工达盛科技有限公司"。

四、实验原理说明

实验原理图如图 2-65 所示。

模块接脚: 1 LED- 3 VSS 5～12 DB0～7 13 REO   15 RESET 17 RT1
          2 LED+ 4 VDD (+5V)   14 BUSY 16 NC   18 RT2

图 2-65 LCD 显示实验

五、实验步骤

1. 实验连线

8255 的 PA0～PA7 接 DB0～DB7，PC7 接 BUSY，PC0 接 REQ，CS8255 接 CS0。

2. 运行实验程序 T21.ASM，观察液晶的显示状态。

六、程序框图

程序框图如图 2-66 所示。

图 2-66 程序框图

七、参考程序：T21.ASM

```
;****************接线方法****************
;PA0~PA7 接 DB0~DB7,PC7 接 BUSY,PC0 接 REQ,CS8255 选择 CS0(0CFA0H)
;8255 扩展 OCMJ2X8 模块测试程序
;-------------------------------------------------------------------
;名称 T21.ASM
;-------------------------------------------------------------------
    PA      EQU  0CFA0H
        PB        EQU  0CFA1H
        PCC       EQU  0CFA2H
        PCTL      EQU  0CFA3H
        STOBE0    EQU  70H        ;PC0 复位控制字
        STOBE1    EQU  71H        ;PC0 置位控制字
        CSEG AT  0000H
        LJMP  START
        CSEG  AT  4100H
;-------------------------------------------------------------------
;以下是主程序
```

```
;------------------------------------------------------------------------
    START:  MOV    DPTR,    #PCTL
            MOV    A,       #88H
            MOVX @DPTR, A  ;置 PA 口输出，PC 口高 4 位输入，低 4 位输出
            MOV    DPTR,    #PCTL
            MOV    A,       #STOBE0
            MOVX @DPTR, A
            MOV    A,       #0F4H
            ACALL SUB2
            ACALL DELAY                ;清屏
    START1: MOV    R0,      #01H
            MOV    R1,      #3CH
    HE1:    MOV    DPTR,    #PCC
            MOVX A,         @DPTR
            JB     ACC.7,   HE1
            ACALL SUB1
            ACALL SUB2
            DJNZ   R1,  HE1
            ACALL DELAY
            ACALL DELAY
            ACALL DELAY
            LJMP  START1
;------------------------------------------------------------------------
;延时子程序
;------------------------------------------------------------------------
    DELAY:  MOV    R2,      #23H
    DEL0:   MOV    R4,      #06FH
    DEL1:   MOV    R6,      #06FH
    DEL2:   DJNZ   R6,      DEL2
            DJNZ   R4,      DEL1
            DJNZ   R2,      DEL0
            RET
    SUB2:   MOV    DPTR,    #PA
            MOVX @DPTR,    A
            MOV    DPTR,    #PCTL
            MOV    A,       #STOBE1
            MOVX @DPTR,    A
            INC    R0
    HE2:    MOV    DPTR,    #PCC
            MOVX A, @DPTR
            JNB    ACC.7,   HE2
            MOV    DPTR,    #PCTL
            MOV    A,       #STOBE0
            MOVX @DPTR,    A
            RET
    SUB1:   MOV    A,  R0        ;显示"北京理工达盛科技有限公司"
            MOVC A,  @A+PC
            RET
            DB  0F0H, 01D, 00D, 17D, 17D, 0F0H, 02D, 00D, 30D, 09D
            DB  0F0H, 03D, 00D, 32D, 77D, 0F0H, 04D, 00D, 25D, 04D
            DB  0F0H, 05D, 00D, 20D, 79D, 0F0H, 06D, 00D, 42D, 02D
            DB  0F0H, 01D, 01D, 31D, 38D, 0F0H, 02D, 01D, 28D, 28D
            DB  0F0H, 03D, 01D, 51D, 48D, 0F0H, 04D, 01D, 47D, 62D
            DB  0F0H, 05D, 01D, 25D, 11D, 0F0H, 06D, 01D, 43D, 30D
            END
```

第**3**章 单片机应用系统综合实例

单片机作为一门实践性、技术性很强的课程，在学好基础知识、基本技能的同时，还要最终掌握实际应用。目前各类院校很多专业已经普遍开设了单片机及其相关实训实践类课程，如课程设计、工程训练等，并作为入门应用各种微处理器、控制器的基础。本章将对单片机应用系统的软、硬件设计和调试等各个方面进行分析和探讨，并给出了具有典型性和代表性的具体应用实例，简单易行，可操作性强，以便读者能更快速地掌握单片机应用系统的设计与开发。

3.1 单片机应用系统设计过程

单片机应用系统的开发是一项系统工程，通常我们可以分为以下六个阶段。

一、需求分析

系统需求分析。是确定设计任务和设计目标的依据，提炼出设计规格说明书，作为正式设计指导和验收的标准。系统的需求一般分功能性需求和非功能性需求两个方面。功能性需求是系统的基本功能，如输入输出信号、操作方式等；非功能性需求包括系统性能、成本、功耗、体积、重量等因素。

二、确定任务

单片机应用系统的设计是以确定系统的功能和技术指标开始的。首先要细致分析、研究实际问题，明确各项任务和要求。从考虑系统的先进性、可靠性、可维护性以及成本、经济效益出发，拟定出合理可行的技术性能指标。

三、总体设计

在应用系统进行总体设计时，可根据应用系统提出的各项技术性能指标，拟定出性能价格比最高的方案。首先，应依据任务的繁杂程度和技术指标要求选择机型。目前，常用单片机有 MCS－51 系列、AVR 单片机、PIC 单片机、飞思卡尔单片机、MSP430、DSP、ARM Cortex M3/M4 等。选定机型后，再选择系统中要用到的其他元器件，如 A/D 和 D/A 转换器、I/O 口、定时器/计数器、串行口等。在总体方案设计过程中，必须对软件和硬件综合考虑。原则上，能够由软件来完成的任务，就尽可能用软件来实现，以降低硬件成本，简化硬件结构；同时，还要求大致规定各接口电路的地址、软件的结构和功能、上下位机的通信协议、程序的驻留区域及工作缓冲区等。总体设计方案一旦确定，系统的大致规模及软件的基本框架就确定了。

四、硬件设计

硬件设计是指应用系统的电路设计，包括主机、控制电路、存储器、I/O 口、A/D 和 D/A 转换电路、驱动电路、执行机构、人机交换电路等。硬件设计时，应考虑留有充分余量，电路设计力求正确无误，因为在系统调试中不易修改硬件结构。下面介绍在设计 MCS－51 单片机应用系统硬件电路时应注意的几个问题。

1. 程序存储器

目前市场上大部分单片机具有足够容量的程序存储器，例如单片机 AT89S52 具有 8KB 的 FLASH 存储器，如若切实需要外扩程序存储器，一般可选用容量较大的 E²ROM 芯片，如 2764（8KB）、27128（16KB）或 27256（32KB）等。尽量避免用小容量的芯片组合成大容量的存储器。程序存储器容量大，编制程序宽裕，其价格相差不会太多。

2. 数据存储器和 I/O 口

根据系统功能的要求，如果需要扩展外部 RAM 或 I/O 口，那么 RAM 芯片可选用 6264（8KB）或 62256（32KB），原则上也应尽量减少芯片数量，使译码电路简单。I/O 口芯片一般选用 8155（带有 256KB 静态 RAM）或 8255，这类芯片具有接口线多、硬件逻辑简单等特点。若接口线要求很少，且仅需要简单的输入或输出功能，则可用不可编程的 TTL 电路或 CMOS 电路。A/D 和 D/A 电路芯片主要根据精度、速度和价格等来选用，同时还要考虑与系统的连接是否方便。

3. 地址译码电路

通常采用全译码、部分译码或线选法，应考虑充分利用存储空间和简化硬件逻辑等方面的问题。当存储器和 I/O 芯片较多时，可选用专用译码器 74LSl38 或 74LSl39 等。

4. 总线驱动能力

MCS－51 系列单片机的外部扩展功能很强，但 4 个 8 位并行口的负载能力是有限的。P0 口能驱动 8 个 LSTTL 电路，P1～P3 口只能驱动 3 个 LSTTL 电路。在实际应用中，这些端口的负载不应超过总负载能力的 70%，以保证留有一定的余量。如果满载，会降低系统的抗干扰能力。在外接负载较多的情况下，如果负载是 MOS 芯片，因负载消耗电流很小，影响不大。如果驱动较多的 TTL 电路，则应采用总线驱动电路，以提高端口的驱动能力和系统的抗干扰能力。数据总线宜采用双向 8 路三态缓冲器 74LS245 作为总线驱动器；地址和控制总线可采用单向 8 路三态缓冲器 74LS244 作为单向总线驱动器。

5. 系统速度匹配

MCS－51 系列单片机时钟频率可在 1.2～12MHz 之间任选，在不影响系统技术性能的前提下，时钟频率选择低一些为好，这样可降低系统中对元器件工作速度的要求，从而提高系统的可靠性。

6. 抗干扰措施

单片机应用系统的工作环境往往都是具有多种干扰源的现场，为提高系统的可靠性，抗干扰措施在硬件电路设计中显得尤为重要。根据干扰源引入的途径，抗干扰措施可以从以下两个方面考虑。

（1）电源供电系统。为了克服电网以及来自本系统其他部件的干扰，可采用隔离变压器、交流稳压、线滤波器、稳压电路各级滤波等防干扰措施。

（2）电路上的考虑。为了进一步提高系统的可靠性，在硬件电路设计时，应采取以下防干扰措施。

① 大规模 IC 芯片电源供电端 VCC 都应加高频滤波电容，根据负载电流的情况，在各级供电节点处还应加足够容量的去耦电容。

② 开关量 I/O 通道与外界的隔离可采用光耦合器件，特别是与继电器、晶闸管等连接的通道，一定要采取隔离措施。

③ 可采用 CMOS 器件提高工作电压（如+15V），这样干扰门限也相应提高。

④ 传感器后级的变送器尽量采用电流型传输方式，因为电流型比电压型抗干扰能力强。

⑤ 电路应有合理的布线及接地方法。

⑥ 与环境干扰的隔离可采用屏蔽措施。

五、软件设计

单片机应用系统的软件设计是研制过程中任务最繁重的一项工作，其难度也比较大。对于某些较复杂的应用系统，不仅要使用汇编语言来编程，有时还要使用高级语言。单片机应用系统的软件主要包括两大部分：即用于管理单片微型计算机系统工作的监督管理程序和用于执行实际具体任务的功能程序。对于前者，尽可能利用现成微型计算机系统的监控程序（为适应各种应用的需要，现代的单片机开发系统的监控软件功能相当强，并附有丰富的实用子程序，可供用户直接调用），例如键盘管理程序、显示程序等，因此在设计系统硬件逻辑和确定应用系统的操作方法时，就应充分考虑这一点。这样可大大减轻软件设计的工作量，提高编程效率。后者要根据应用系统的功能要求来编写程序，例如，外部数据采集、控制算法的实现、外设驱动、故障处理及报警程序等。单片机应用系统的软件设计千差万别，不存在统一模式。开发一个软件的明智方法是尽可能采用模块化结构。根据系统软件的总体构思，按照先粗后细的办法，把整个系统软件划分成多个功能独立、大小适当的模块。划分模块时要明确规定各模块的功能，尽量使每个模块功能单一，各模块间的接口信息简单、完备，接口关系统一，尽可能使各模块之间的联系减少到最低限度。根据各模块的功能和接口关系，可以分别独立设计，某一模块的编程者可不必知道其他模块的内部结构和实现方法。在各个程序模块分别进行设计、编制和调试后，最后再将各个程序模块连接成一个完整的程序进行总调试。

六、系统调试

电路故障，包括设计性错误和工艺性故障。通常借助电气仪表进行故障检查。软件调试是利用开发工具进行在线仿真调试，在软件调试过程中也可以发现硬件故障。几乎所有的在线仿真器和简易的开发工具都为用户调试程序提供了以下几种基本方法。

1．单步。一次只执行一条指令，在每步后，又返回监控调试程序。

2．运行。可以从程序任何一条地址处启动，然后全速运行。

3．断点运行。用户可以在程序任何处设置断点，当程序执行到断点时，控制返回到监控调试程序。

4．检查和修改存储器单元的内容。

5．检查和修改寄存器的内容。

6．符号化调试。能按汇编语言程序中的符号进行调试。

程序调试可以一个模块一个模块地进行，一个子程序一个子程序地调试，最后连起来总调。利用开发工具提供的单步运行和设置断点运行方式，通过检查应用系统的 CPU 现场、RAM 的内容和 I/O 的状态，检查程序执行的结果是否正确，观察应用系统 I/O 设备的状态变化是否正常，从中可以发现程序中的死循环错误、机器码错误及转移地址的错误，也可以发现待测系统中软件算法错误及硬件设计错误。在调试过程中，不断地调整修改应用系统的硬件和软件，直到其正确为止。最后，试运行正常，将软件固化到 EPROM 中，系统研制完成。

3.2 基于单片机的数码管时钟系统设计

3.2.1 系统的功能

在本节设计的单片机数码管时钟系统，需具备以下的功能。

显示即时时间：能够准确的显示当前的即时时间，包括时、分、秒。

时间可调：可以通过键盘对时间进行调整。

供电：直流 5V 电源或电池。

显示模式：数码管显示。

3.2.2 总体方案设计

该节介绍的基于单片机的数码管时钟系统设计由以下几个部分组成：单片机最小系统、电源模块、键盘模块、显示设备等部分组成。系统方框图如图 3-1 所示。

图 3-1　基于单片机的数码管时钟系统框图

3.2.3 硬件电路设计、软件编程及仿真

1．AT89S52 单片机最小系统电路

在系统中用 AT89S52 单片机作为核心控制器，因此在电路中首先需要设计的是 AT89S52 的最小系统。AT89S52 单片机的最小系统如图 3-2 所示。

AT89S52 单片机的最小系统电路包含以下几个部分。

单片机供电电路：AT89S52 需要具有可靠的 5V 供电，在电路图中的 VCC 和 GND 为供电网络标识符。

振荡电路：AT89S52 需要一个稳定的振荡电路才能够正常工作，在该电路采用了 12MHz 的外部晶体振荡电路作为 AT89S52 的时钟源。

复位电路：复位电路是单片机正常运行的一个必要部分，复位电路应该保证单片机在上电的瞬间进行一次有效的复位，在单片机正常工作时将 RST 引脚置低。此外通过一个按键进行手动复位，在单片机运行不正常时使用。

图 3-2　AT89S52 单片机的最小系统

2. 电源电路

本系统只需要提供一种电源电压 5V，电路如图 3-3 所示，从 J1 接口引入，也可外接电源适配器，也可采用集成稳压芯片 CW7805，通过市网电压—变压（变压器）—整流（全波整流桥）—滤波（大电解电容、独石电容）—稳压（集成稳压芯片 CW7805）—滤波（小电解电容、独石电容）得到。

3. 键盘输入电路

如图 3-4 所示的键盘输入的部分电路，这里采用了 P1.0、P1.1、P1.2 作为单片机的键盘输入口，输入信号低电平有效，通过键盘扫描原理识别是否有按键输入。

图 3-3 电源电路

图 3-4 键盘输入电路

4. 程序下载接口电路

如图 3-5 所示，51 单片机的下载口通过 P1.5 与 P1.6 与 P1.6 口。

5. 数码管显示电路

该系统通过 6 个数码管显示日历时钟数据，两个显示小时数据，两个显示分钟数据，两个显示秒数据，采用了对数码管逐个扫描的原理来实现，为了简化电路，在该系统的数码管显示电路中，这里采用了 CD4511 驱动数码管进行段选，并采用 74LS138 协助扫描数码管进行位选，这样设计不但大大简化了电路，节省了单片机 I/O 的使用，而且使得系统更加稳定可靠。

CD4511 是一个用于驱动共阴极数码管显示器的 BCD 码——七段码译码器，具有 BCD 转换、消隐和锁存控制、七段译码及驱动功能的 CMOS 电路能提供较大的电流，可直接驱动数码管显示器，如图 3-6 所示。

图 3-5 下载接口电路

图 3-6 CD4511 引脚图

BI：4 脚是消隐输入控制端，当 BI=0 时，不管其他输入端状态如何，七段数码管均处于熄灭（消隐）状态，不显示数字，正常显示时置高电平。LT：3 脚是测试输入端，当 BI=1，

LT=0 时，译码输出全为 1，不管输入 DCBA 状态如何，七段均发亮，显示"8"，它主要用来检测数码管是否损坏，正常显示时置高电平。LE：锁定控制端，当 LE=0 时，允许译码输出，LE=1 时译码器是锁定保持状态，译码器输出被保持在 LE=0 时的数值。A1、A2、A3、A4 为 8421BCD 码输入端。a、b、c、d、e、f、g：为译码（七段码）输出端，输出为高电平 1 有效。CD4511 的内部有上拉电阻，在输入端与数码管笔段端接上限流电阻就可工作。逻辑功能见表 3-1。

表 3-1   CD4511 输入输出逻辑表

输入							输出							
LE	BI	LT	D	C	B	A	a	b	c	d	e	f	g	显示数字
X	X	0	X	X	X	X	1	1	1	1	1	1	1	8
X	0	1	X	X	X	X	0	0	0	0	0	0	0	不显示
0	1	1	0	0	0	0	1	1	1	1	1	1	0	0
0	1	1	0	0	0	1	0	1	1	0	0	0	0	1
0	1	1	0	0	1	0	1	1	0	1	1	0	1	2
0	1	1	0	0	1	1	1	1	1	1	0	0	1	3
0	1	1	0	1	0	0	0	1	1	0	0	1	1	4
0	1	1	0	1	0	1	1	0	1	1	0	1	1	5
0	1	1	0	1	1	0	0	0	1	1	1	1	1	6
0	1	1	0	1	1	1	1	1	1	0	0	0	0	7
0	1	1	1	0	0	0	1	1	1	1	1	1	1	8
0	1	1	1	0	0	1	1	1	1	0	0	1	1	9
0	1	1	1	0	1	0	0	0	0	0	0	0	0	熄灭
0	1	1	1	0	1	1	0	0	0	0	0	0	0	熄灭
0	1	1	1	1	0	0	0	0	0	0	0	0	0	熄灭
0	1	1	1	1	0	1	0	0	0	0	0	0	0	熄灭
0	1	1	1	1	1	0	0	0	0	0	0	0	0	熄灭
0	1	1	1	1	1	1	0	0	0	0	0	0	0	熄灭
0	1	1	X	X	X	X	X	X	X	X	X	X	X	X

8421 BCD 码对应的显示见图 3-7。

数码管选用单个共阴极数码管，对于 CD4511，它与数码管的典型连接方式如图 3-8 所示。

74LS138 是最常用的三八译码器，其管脚图如图 3-9 所示，内部结构图如图 3-10 所示。

图 3-7   BCD 逻辑功能图

图 3-8 CD4511 与共阴数码管电路连接示例图

图 3-9 74LS138 管脚图

图 3-10 74LS138 逻辑关系图

74 LS138 基本功能：74LS138 为 3 线-8 线译码器，共有 54/74S138 和 54/74LS138 两种线路结构型式，其 74LS138 工作原理如下：当一个选通端（S1）为高电平，另两个选通端（/S2 和/S3）为低电平时，可将地址端（A0、A1、A2）的二进制编码在一个对应的输出端以低电平译出。

3 线-8 线译码器 74LS138 的真值表如表 3-2 所示。

表 3-2   74LS138 输入输出逻辑关系图表

输 入					输 出							
S_1	$\overline{S}_2 + \overline{S}_3$	A_2	A_1	A_0	$\overline{Y}_0$	$\overline{Y}_1$	$\overline{Y}_2$	$\overline{Y}_3$	$\overline{Y}_4$	$\overline{Y}_5$	$\overline{Y}_6$	$\overline{Y}_7$
0	X	X	X	X	1	1	1	1	1	1	1	1
X	1	X	X	X	1	1	1	1	1	1	1	1
1	0	0	0	0	0	1	1	1	1	1	1	1
1	0	0	0	1	1	0	1	1	1	1	1	1
1	0	0	1	0	1	1	0	1	1	1	1	1
1	0	0	1	1	1	1	1	0	1	1	1	1
1	0	1	0	0	1	1	1	1	0	1	1	1
1	0	1	0	1	1	1	1	1	1	0	1	1
1	0	1	1	0	1	1	1	1	1	1	0	1
1	0	1	1	1	1	1	1	1	1	1	1	0

本系统通过 74LS138 对六位数码管进行位选，单片机通过 I/O 口输出 BCD 码，送给 CD4511，经 CD4511 译成七段码，送给共阴数码管段码管脚，此时，与 74LS138 译码低电平输出端对应连接的数码管，数码管就会将 BCD 码对应的十进制数码显示出来，经过一定显示延时后（延时不可以太长，也不可太短，太长会出现闪烁显示现象，太短人眼感觉不出来），通过改变单片机 I/O 口送给 74LS138 的位选数据，顺序选通下一位数码管，同时同步通过单片机输出该位数码管所对应的显示数据，以此循环控制，只要控制好每位数码管的显示时间（即扫描时间），使人眼觉察不到多位扫描造成的闪烁现象，便可观察到六位数码管同时显示不同的数据，以显示出不同的内容。

6. 本实例汇编语言程序代码

```
ORG 0000H
AJMP MAIN
ORG 000BH
AJMP TIME
ORG 0030H
SEC     EQU 2AH
MIN     EQU 2BH
HOUR    EQU 2CH
SEC_L   EQU 30H
SEC_H   EQU 31H
MIN_L   EQU 32H
MIN_H   EQU 33H
HOUR_L  EQU 34H
HOUR_H  EQU 35H

MAIN:
```

```
MOV HOUR,#12h;给时分秒寄存器赋初值 0
MOV MIN,#00H
MOV SEC,#00H
MOV R4,#00H;R4 为定时器 1 秒所需中断次数存储器
MOV IE,#82H
MOV TMOD,#01H  ;设定定时器工作方式 1
MOV TL0,#0B0H  ;设定定时器初值，定时时间为 50 毫秒
MOV TH0,#3CH
SETB TR0  ;启动定时器 T0
MOV SP,#40H  ;重设堆栈指针
NEXT:
LCALL DISP   ;调用显示子程序
LCALL  KEY    ;调用按键检测及处理子程序
SJMP NEXT    ;重新循环
NOP
NOP
NOP


;定时中断处理程序:
TIME:
 PUSH ACC ;保护现场
 PUSH PSW
 MOV TL0,#0B4H ;赋定时初值
 MOV TH0,#3CH
 INC R4 ; 每中断一次加一
 MOV A,R4
 CJNE A,#20,RETI1;50 毫秒循还 20 次，就是 1 秒
 MOV R4,#00H ;一秒钟时间到，对 R4 清零
 MOV A,SEC
 ADD A,#01H
 DA A
 MOV SEC,A
 CJNE A,#60H,RETI1
 MOV SEC,#00H ;1 分钟时间到，秒寄存器从零从新开始计数
 MOV A,MIN
 ADD A,#01H
 DA A
 MOV MIN,A
 CJNE A,#60H,RETI1
 MOV MIN,#00H ;1 小时时间到，分寄存器从零从新开始计数
 MOV A,HOUR
 ADD A,#01H
 DA A
 MOV HOUR,A
 CJNE A,#24H,RETI1
 MOV HOUR,#00H ;时间达到 24 小时，时寄存器从零从新开始计数
RETI1:
 POP PSW ;恢复现场
 POP ACC
 RETI ;中断返回
```

```
        NOP
        NOP

;显示子程序(显示寄存器处理)
DISP:
    MOV A,SEC ;处理秒 SEC-->SEC_H,SEC_L
    ANL A,#0FH
    MOV SEC_L,A
    MOV A, SEC
    ANL A,#0F0H
    SWAP A
    MOV SEC_H,A

    MOV A,MIN ;处理分钟 MIN-->MIN_H,MIN_L
    ANL A,#0FH
    MOV MIN_L,A
    MOV A,MIN
    ANL A,#0F0H
    SWAP A
    MOV MIN_H,A
    MOV A,HOUR ;处理小时 HOUR-->HOUR_H,HOUR_L
    ANL A,#0FH
    MOV HOUR_L,A
    MOV A,HOUR
    ANL A,#0F0H
    SWAP A
    MOV HOUR_H,A

;显示寄存器输出子程序
DISP0:MOV R0,#SEC_L
    MOV R2,#00H                  ;设置 R2 为 LED 扫描指针
DISP01:
    MOV A,R2
    ;CALL X2                     ;软跳线,因为实际当中是 P2.4 接 74LS138 的 A2 端
    ;若 P2.4 接 74LS138 的 A0 端,则无需这一步
    SWAP A
    ADD A,@R0
    MOV P2,A
    LCALL DL1MS
    INC R0
    INC R2
    CJNE R2,#06H,DISP01;六位显示完毕
    RET
DL1MS:  MOV  R7,#07H;延时 1 毫秒程序
DL:     MOV R5,#0FFH
DL1:    DJNZ R5,DL1
DJNZ    R7,DL
RET
X2:MOV C,ACC.0                   ;位码调整程序
    MOV 00H,C
    MOV C,ACC.2
    MOV ACC.0,C
```

```
    MOV C,00H
    MOV ACC.2,C
    RET

;按键判断程序
KEY: MOV P1,#0FFH ;
 MOV A,P1
 CPL A
 ANL A,#07H;看 P1P1.0~P1.2 中是否有健按下
 JZ RETX ;无键按下则返回
 LCALL DL1MS;延时一段时间
 MOV A,P1
 CPL A
 ANL A,#07H
 JZ RETX ;键盘去抖动
 MOV R6,A ;将键值存入 R6
LOOP2:
 LCALL  DISP
 MOV A,P1
 CPL A
 ANL A,#07H
 JNZ LOOP2 ;等待键释放
 LCALL ANKEY
RETX: RET
 NOP
 NOP

 ;按键处理子程序
ANKEY:
MOV A,R6
JB ACC.0,SEC1     ;转秒按键处理程序
JB ACC.1,MIN1     ;转分按键处理程序
JB ACC.2,HOUR1    ;转小时按键处理程序
SEC1: MOV A,SEC  ;秒加 1
 ADD A,#01H
 DA A
 MOV SEC,A
 CJNE A,#60H, RETI2
 MOV MIN,#00H
 RET
MIN1: MOV A,MIN ;分加 1
 ADD A,#01H
 DA A
 MOV MIN,A
 CJNE A,#60H, RETI2
 MOV MIN,#00H
 RET;返回
HOUR1: MOV A,HOUR ;时加 1
 ADD A,#01H
 DA A
 MOV HOUR,A
 CJNE A,#24H, RETI2
```

```
MOV HOUR,#00H ;时间达到24小时清零
RET;返回
RETI2:
RET ;返回
NOP
NOP
END
```

7. 本实例C语言程序代码

```c
#include <reg51.h>
#define uchar unsigned char
uchar number[]={0x00,0x10,0x20,0x30,0x40,0x50};
uchar disp[]={0x00,0x00,0x00,0x00,0x02,0x01};
uchar numbercount=0;
uchar hour=12;
uchar min=0;
uchar sec=0;
uchar count=250;
sbit P1_0=P1^0;
sbit P1_1=P1^1;
sbit P1_2=P1^2;
void keydelay(void);
void keyscan();
void dispscan();
void clock_add();
void clock_cf();

/*按键延时消抖程序*/
void keydelay(void)
{
 unsigned int l;
 unsigned char m;
 for (l=0;l<20;l++)
 for (m=0;m<250;m++);
 }

/*键盘扫描程序*/
void keyscan()
{if(P1_0==0)
   {keydelay();
    if(P1_0==1)
       {if(sec<60) sec=sec+1;
        else sec=0;
         }
    }
else if(P1_1==0)
{keydelay();
   if(P1_1==1)
      {if(min<60) min=min+1;
       else min=0;
        }
    }
else if(P1_2==0)
```

```
{keydelay();
  if(P1_2==1)
    {if(hour<24) hour=hour+1;
     else hour=0;
     }
  }
  }


/*定时中断程序*/
void t0() interrupt 1 using 0
{TH0=(65536-4000)/256;
 TL0=(65536-4000)%256;
 count--;
 if(count==0)
 {clock_add();
  clock_cf();
  count=250;
  dispscan();
  }
  else   dispscan();
  }


/*显示程序*/
void dispscan()
 {
P2=disp[numbercount]|number[numbercount];
if(numbercount<5) numbercount=numbercount+1;
 else numbercount=0;
 }


/*时钟加一程序*/
void clock_add()
{if(sec<60) sec=sec+1;
 else
 {sec=0;
  if(min<60) min=min+1;
  else
    {min=0;
     if(hour<24) hour=hour+1;
     else hour=0;}
     }
     }


/*时分秒十位、个位拆分程序*/
void clock_cf()
{disp[0]=(int)sec%10;
 disp[1]=(int)sec/10;
 disp[2]=(int)min%10;
 disp[3]=(int)min/10;
 disp[4]=(int)hour%10;
 disp[5]=(int)hour/10;
 }


/*主程序:定时器初始化,中断初始化,键盘循环扫描*/
```

```
void main()
{TMOD=0x01;
 TH0=(65536-4000)/256;
 TL0=(65536-4000)%256;
 IE=0x82;
 TR0=1;
 while(1) keyscan();
 }
```

8. 系统功能实现

如图 3-11 所示，通过 PROTEUS 仿真，我们实现了基于 51 单片机的数码管时钟功能，对应硬件接口与给出程序代码相符。

图 3-11　基于 AT89S52 单片机数码管时钟系统的仿真效果图

9. 硬件电路制作

完全的硬件原理图确定之后，接下来就可制作硬件电路了，制作硬件电路的方法较多：简单的电路可以用面包板搭接，也可以用万能板焊接，繁杂的电路可以用敷铜板热转印腐蚀制板或工业标准制板。面包板搭接和万能板焊接仅需烙铁、焊锡、尖嘴钳、斜嘴钳、镊子、吸焊枪、导线、松香、万用表、面包板、万能板等简单工具，全手工制作，电路不宜复杂，只适合于实验、初期设计阶段；工业标准制板已全自动化或半自动化、工艺精良、速度快，但工序复杂、设备昂贵，一般针对已定型成正式产品的大规模批量生产阶段；敷铜板热转印腐蚀制板既适合实验、初期设计阶段又贴近于实际工业标准制板过程，适合初学者应用。

敷铜板热转印腐蚀制板所需仪器设备（非标准、仅参考）如下。

（1）满足印制电路板绘图软件（例如 PROTEL、PROTEUS，此前应先学会）配置要求的计算机一台。

（2）原装碳墨普通办公型打印机一台。

（3）热转印机一台。

（4）含有可对腐蚀液加温、通空气装置的玻璃纤维（或塑料）腐蚀箱一台。

（5）环保型铜腐蚀液或浓盐酸、双氧水、水 1∶1∶3 配置的腐蚀液。

（6）激光对焦钻孔机一台（包括各种型号的钻头）。

（7）电路板切割机一台。

（8）电路板打磨机一台。

（9）热转印纸若干张。

（10）烙铁、焊锡、尖嘴钳、斜嘴钳、镊子、吸焊枪、导线、松香、万用表等电工工具。

敷铜板热转印腐蚀制板步骤（非标准、仅参考）如下。

① 利用印制电路板绘图软件绘制原理图并生成 PCB 图（印制电路图）。

② 通过原装碳墨普通办公型打印机以 1∶1 的比例将 PCB 图打印在热转印纸较光滑的一面上（单色打印）。

③ 用电路板切割机、打磨机切割打磨好一块大小、形状适合的敷铜板，将热转印纸有 PCB 图的一面平整的紧贴在敷铜板上含铜的一面，通过热转印机直至将 PCB 图全部转印到敷铜板上。

④ 热转印好的敷铜板放进装有腐蚀液的腐蚀箱中，直至将没有被 PCB 图覆盖的铜层全部腐蚀掉为止。

⑤ 选择合适的钻头用激光对焦钻孔机对焊盘、过孔进行钻孔。

⑥ 将 PCB 图上的墨粉用砂纸擦掉，安装并焊接所有元器件。

⑦ 清洗干净后，涂上防氧化漆，经过包装加工即基本完成了硬件电路的制作。

3.3 基于单片机的简易数字直流电压表系统设计

3.3.1 系统的功能

在本节设计的单片机简易数字直流电压表系统，需具备以下的功能。

电压测量：能够实时显示当前被测对象的电压值。

输入电压范围：0～5V。

电压测量档位：0～5V。

误差范围：被测电压±5%。

显示模式：液晶显示。

电池或者直流稳压电源 5V 供电。

3.3.2 总体方案设计

本节介绍的基于单片机的八路电压巡检电路设计具备 A/D 转换和时钟的功能，该系统由以下几个部分组成：单片机最小系统、A/D 转换、键盘输入、液晶显示设备。系统方框图如图 3-12 所示。

图 3-12　基于单片机的简易数字直流电压表系统方框图

3.3.3 硬件电路设计、软件编程及仿真

1. 最小系统、键盘电路、复位电路、电源电路、程序下载接口模块键盘电路、复位电路、电源电路、程序下载接口模块设计，请参照第 3.2 节中的内容。

2. 液晶显示 LCD1602

（1）LCD1602 简介

1602 液晶也叫 1602 字符型液晶，它是一种专门用来显示字母、数字、符号等的点阵型液晶模块，它由若干个 5×7 或者 5×11 等点阵字符位组成，每个点阵字符位都可以显示一个字符。每位之间有一个点距的间隔，每行之间也有也有间隔，起到了字符间距和行间距的作用，正因为如此，所以它不能显示图形（用自定义 CGRAM，显示效果也不好），1602LCD 是指显示的内容为 16×2，即可以显示两行，每行 16 个字符液晶模块（显示字符和数字）。

液晶 1602 采用+5V 电压，对比度可调，内含复位电路，提供各种控制命令，如：清屏、字符闪烁、光标闪烁、显示移位等功能，有 80 字节显示数据存储器 DDRAM，内部有 160 个 5×7 点阵的字型的字符发生器 CGROM，8 个可由用户自定义的 5×7 的字符发生器 CGRAM。实物如图 3-13 所示。

图 3-13　LCD1602 液晶模块实物图

（2）LCD1602 引脚功能

字符型 LCD1602 通常有 14 条引脚线或 16 条引脚线的 LCD，多出来的 2 条线是背光电源线 VCC（15 脚）和地线 GND（16 脚），具体引脚介绍如表 3-3 所示。

表 3-3　　　　　　　　　　　　　　　　LCD1602 各引脚功能

引脚编号	符号	引脚说明	引脚编号	符号	引脚说明
1	VSS	电源地	9	D2	数据
2	VDD	电源正极	10	D3	数据
3	VL	液晶显示偏压	11	D4	数据
4	RS	数据/命令选择	12	D5	数据
5	R/W	读/写选择	13	D6	数据
6	E	使能信号	14	D7	数据
7	D0	数据	15	BLA	背光源正极
8	D1	数据	16	BLK	背光源负极

表 3-3 引脚接口说明如下。

第 1 脚：VSS 为地电源。

第 2 脚：VDD 接 5V 正电源。

第 3 脚：VL 为液晶显示器对比度调整端，接正电源时对比度最弱，接地时对比度最高，对比度过高时会产生"鬼影"，使用时可以通过一个 10KB 的电位器调整对比度。

第 4 脚：RS 为寄存器选择，高电平时选择数据寄存器，低电平时选择指令寄存器。

第 5 脚：R/W 为读写信号线，高电平时进行读操作，低电平时进行写操作。当 RS 和 R/W 共同为低电平时可以写入指令或者显示地址，当 RS 为低电平 R/W 为高电平时可以读忙信号，当 RS 为高电平 R/W 为低电平时可以写入数据。

第 6 脚：E 端为使能端，当 E 端由高电平跳变成低电平时，液晶模块执行命令。

第 7～14 脚：D0～D7 为 8 位双向数据线。

第 15 脚：背光源正极。

第 16 脚：背光源负极。

（3）LCD1602 控制指令介绍

1602 液晶显示器内部共有 11 条控制指令，如表 3-4 所示。1602 液晶显示器的读写操作、屏幕和光标的操作等都是通过指令编程来实现的。

表 3-4 LCD1602 指令集

序号	指令	RS	R/W	D7	D6	D5	D4	D3	D2	D1	D0
1	清显示	0	0	0	0	0	0	0	0	0	1
2	光标返回	0	0	0	0	0	0	0	0	1	*
3	置输入模式	0	0	0	0	0	0	0	1	I/D	S
4	显示开/关控制	0	0	0	0	0	0	1	D	C	B
5	光标或字符移位	0	0	0	0	0	1	S/C	R/L	*	*
6	置功能	0	0	0	0	1	DL	N	F	*	*
7	置字符发生存贮器地址	0	0	0	1	字符发生存贮器地址					
8	置数据存贮器地址	0	0	1	显示数据存贮器地址						
9	读忙标志或地址	0	1	BF	计数器地址						
10	写数到 CGRAM 或 DDRAM）	1	0	要写的数据内容							
11	从 CGRAM 或 DDRAM 读数	1	1	读出的数据内容							

序号 1 指令：清屏指令。

功能：① 清除液晶显示器，即将 DDRAM 的内容全部填入"空白"的 ASCII 码 20H。

② 光标归位，即将光标撤回液晶显示屏的左上方。

③ 将地址计数器（AC）的值设置为 0。

序号 2 指令：光标归位指令。

功能：① 把光标撤回到液晶显示屏的左上方。

② 把地址计数器（AC）的值设置为 0。

③ 保持 DDRAM 的内容不变。

序号 3 指令：进入模式设置指令。

功能：设定每次定入 1 位数据后光标的移位方向，并且设定每次写入的一个字符是否移动。参数设定的情况如表 3-5 所示。

表 3-5 　　　　　　　　　　　　LCD1602 控制指令表 1

位名	设置
I/D	I/D 为 0 时，写入新数据后光标左移
	I/D 为 1 时，写入新数据后光标左移
S	S 为 1 时，写入新数据后显示屏不移动
	S 为 0 时，写入新数据后显示屏整体右移 1 个字符

序号 4 指令：显示开关控制指令。

功能：控制显示器开/关、光标显示/关闭以及光标是否闪烁。参数设定的情况如表 3-6 所示。

表 3-6 　　　　　　　　　　　　LCD1602 控制指令表 2

位名	设置
D	D 为 0 时，显示功能关，D 为 1 时，显示功能开
C	C 为 0 时，无光标，C 为 1 时，有光标
B	B 为 0 时，光标闪烁，B 为 1 时，光标不闪烁

序号 5 指令：设定显示屏或光标移动方向指令。

功能：使光标移位或使整个显示屏内容移位。参数设定的情况如表 3-7 所示。

表 3-7 　　　　　　　　　　　　LCD1602 控制指令表 3

S/C	R/L	功能
0	0	光标左移 1 格，且 AC 值减 1
0	1	光标右移 1 格，且 AC 值加 1
1	0	显示屏上字符全部左移 1 格，但光标不动
1	1	显示屏上字符全部右移 1 格，但光标不动

序号 6 指令：功能设定指令。

功能：设定数据总线位数、显示行数及字型。参数设定的情况如表 3-8 所示。

表 3-8 　　　　　　　　　　　　LCD1602 控制指令表 4

位名	设置
DL	DL 为 0 时，数据总线为 4 位，当 DL 为 1 时，数据总线为 8 位
N	当 N 为 0 时，显示 1 行，N 为 1 时，显示 2 行
F	当 F 为 0 时，显示为 5×7 点阵/每个字符，当 F 为 1 时，显示为 5×7 点阵/每个字符

序号 7 指令：CGRAM 地址设置指令。

功能：设定下一个要存入数据的 CGRAM 的地址。

序号 8 指令：DDRAM 地址设置指令。

功能：设定 DDRAM 地址。

序号 9 指令：读 BF 值或 AC 值。

功能：读忙 BF 值或地址计数器 AC 的值。

序号 10 指令：数据写入 DDRAM 或 CGRAM 指令。

功能：① 将字符码写入到 DDRAM 中，以使液晶显示屏显示出相对应的字符。

　　　② 将使用者自己设计的图形存入到 CGRAM 中。

序号 11 指令：从 CGRAM 或 DDRAM 中读出数据指令。

功能：读取 CGRAM 或 DDRAM 中的内容。

（4）LCD1602 读写时序

LCD1602 的读写操作时序分别如图 3-14 和图 3-15 所示，根据这两个图归纳出的基本操作时序表，如表 3-9 所示。

图 3-14　1602LCD 的读操作时序

表 3-9　　　　　　　　　　　　　　　基本操作时序

读状态	输入	RS=L　RW=H　E=H	输出	（DB0～DB7）=状态字
写指令	输入	RS=L　RW=L　E=下降沿脉冲　DB0～DB7=指令码	输出	无
读数据	输入	RS=H　RW=H　E=H	输出	DB0~DB7=数据
写数据	输入	RS=H　RW=L　E=下降沿脉冲　DB0～DB7=数据	输出	无

液晶显示器是一个慢显示器件，所以在执行每条指令之前一定要确认显示器的忙标志（调用指令 9 检测 BF 位）是否为低电平，为低表示不忙，否则显示器处于忙状态，外部给定指令失效。显示字符时，要先输入显示字符地址，也就是告诉显示器在哪里显示字符，图 3-16 是 1602 的内部显示地址。

图 3-15　1602LCD 的写操作时序

00	01	02	03	04	05	06	07	08	09	0A	0B	0C	0D	0E	0F	10	···	27
40	41	42	43	44	45	46	47	48	49	4A	4B	4C	4D	4E	4F	50	···	67

图 3-16　LCD1602 的内部显示地址

　　例如，第二行第一个字符的地址是 40H，因此写入显示地址时要求最高位 D7 恒定为高电平 1，所以实际写入的数据应该是 01000000B(40H)+10000000B(80H)=11000000B(C0H)。

　　在对液晶显示器的初始化中要先设置其显示模式，在液晶显示器显示字符时光标是自动右移的，无需人工干预。每次输入指令前都要判断液晶显示器是否处于忙的状态。1602 液晶显示器内部的字符发生存储器（CGROM）已经存储了 160 个不同的点阵字符图形，如表 3-10 所示。这些字符有阿拉伯数字、英文字母的大小写、常用的符号和日文假名等，每一个字符都有一个固定的代码，比如大写英文字母"A"的代码是 01000001B（41H），显示时模块把地址 41H 中的点阵字符图形显示出来，就能看到字母"A"。

表 3-10　　　　　　　　　　　　CGROM 中字符码与字符字模关系对照表

高4位 低4位	MSB 0000	0010	0011	0100	0101	0110	0111	1010	1011	1100	1101	1110	1111
LSB xxxx0000	CG RAM （1）		0	@	P	、	p		—	タ	ミ	α	β
xxxx0001	（2）	!	1	A	Q	a	q	。	ア	チ	ム	ä	q
xxxx0010	（3）	"	2	B	R	b	r	⌐	イ	シ	メ	β	θ

续表

高4位＼低4位	MSB 0000	0010	0011	0100	0101	0110	0111	1010	1011	1100	1101	1110	1111
xxxx0011	(4)	#	3	C	S	c	s	┘	ウ	テ	モ	ε	∞
xxxx0100	(5)	$	4	D	T	d	t	、	エ	ト	ヤ	μ	Ω
xxxx0101	(6)	%	5	E	U	e	u	·	オ	ナ	ユ	σ	ū
xxxx0110	(7)	&	6	F	V	f	v	゛	カ	ニ	ヨ	ρ	Σ
xxxx0111	(8)	'	7	G	W	g	w	ァ	キ	ヌ	ラ	g	π
xxxx1000	(1)	(	8	H	X	h	x	イ	ク	ネ	リ	√	⎯x
xxxx1001	(2)	)	9	I	Y	i	y	ゥ	ケ	ノ	ル	··	y
xxxx1010	(3)	*	:	J	Z	j	z	ェ	コ	ハ	レ	j	千
xxxx1011	(4)	+	;	K	[	k	{	オ	サ	ヒ	ロ	、	万
xxxx1100	(5)	,	<	L	￥	l	|	ヤ	シ	フ	ワ	φ	円
xxxx1101	(6)	-	=	M	]	m	}	ユ	ス	ヘ	ン	キ	÷
xxxx1110	(7)	.	>	N	^	n	→	ヨ	セ	ホ	゛	⎯n	
xxxx1111	(8)	/	?	O	-	o	←	シ	ソ	マ	゜	Ö	■

（5）LCD1602 与单片机的接口电路

根据前面的介绍，我们很清楚地就可以把液晶 1602 的接口电路连接好，液晶模块中的 1 脚接 GND，2 脚接 VCC，3 脚是调节背景灯的，所以可接一个精密可调电位器，4 脚、6 脚控制信号，用单片机的 I/O 口控制，5 脚我们可以直接接 GND，因为我们一般是用液晶作为显示，不会去读取液晶内容，7～14 作为数据口输入，连接单片机的 I/O 口，15 脚接 VCC，16 脚接 GND，具体如图 3-17 所示。

图 3-17 LCD1602 与单片机的接口电路

（6）LCD1602 软件编程与仿真

我们现在要用 LCD1602 的第一行显示 LCD1602 TEST OK，第二行显示 www.ndkj.com.cn，仿真图如图 3-18 所示。

图 3-18　1602 字符显示仿真

LCD1602 液晶显示模块 C 语言测试程序代码如下。

```c
#include <reg52.h>
#define uchar unsigned char
#define uint unsigned int
sbit LCD_RS=P3^5;
sbit LCD_RW=P3^6;
sbit LCD_E=P3^7;
uchar table1[]="LCD1602 TEST OK";
uchar table2[]="www.ndkj.com.cn";
void delay_50us (uint t)
 {
    uchar j;
    for(;t>0;t--)
    for (j=19;j>0;j--);
 }
/*void delay_50ms (uint t)
 {
    uchar j;
    for(;t>0;t--)
    for (j=6245;j>0;j--);
}*/
void write_com(uchar com)
 {
    LCD_E=0;
    LCD_RS=0;
    LCD_RW=0;
    P0=com;
    delay_50us(10);
```

```
        LCD_E=1;
        delay_50us(20);
        LCD_E=0;
    }
    void write_data(uchar dat)
    {
        LCD_E=0;
        LCD_RS=1;
        LCD_RW=0;
        P0=dat;
        delay_50us(10);
        LCD_E=1;
        delay_50us(20);
        LCD_E=0;
    }
    void init(void)
    {
        delay_50us(300);
        write_com(0x38);
        delay_50us(100);
        write_com(0x38);
        delay_50us(100);
        write_com(0x38);
        write_com(0x38);
        write_com(0x0c);
        write_com(0x06);
        write_com(0x01);
        write_com(0x08);
    }
    void main()
    {
        uchar j;
        init();
        write_com(0x80);
        for(j=0;j<16;j++)
        {
            write_data(table1[j]);
            delay_50us(10);
        }
            write_com(0x80+0x40);
        for(j=0;j<16;j++)
        {
            write_data(table2[j]);
            delay_50us(10);
        }
        while(1);
    }
```

3. ADC0809 电路设计

（1）ADC0809 概述

ADC0809 是采样分辨率为 8 位的、以逐次逼近原理进行模—数转换的器件。其内部有一个 8 通道多路开关，它可以根据地址码锁存译码后的信号，只选通 8 路模拟输入信号中的一个进行 A/D 转换。

（2）ADC0809 主要特性

8 路输入通道，8 位 A/D 转换器，即分辨率为 8 位，具有转换起停控制端，转换时间为 100μs（时钟为 640kHz 时），130μs（时钟为 500kHz 时），单个＋5V 电源供电，模拟输入电压范围 0～＋5V，不需零点和满刻度校准，工作温度范围为-40～＋85 摄氏度低功耗，约 15mW。

（3）ADC0809 内部结构

ADC0809 是 CMOS 单片型逐次逼近式 A/D 转换器，内部结构如 3-19 所示，它由 8 路模拟开关、地址锁存与译码器、逐次逼近比较器、8 位开关树型 A/D 转换器、三态锁存缓冲器组成。

（4）ADC0809 外部特性（引脚功能）

ADC0809 芯片有 28 条引脚，采用双列直插式封装，如图 3-19 和图 3-20 所示。下面说明各引脚功能。

IN0～IN7：8 路模拟量输入端。

D0～D7：8 位数字量输出端。

ADDA、ADDB、ADDC：3 位地址输入线，用于选通 8 路模拟输入中的一路。

ALE：地址锁存允许信号，输入，高电平有效。

START：A/D 转换启动脉冲输入端，输入一个正脉冲（至少 100ns 宽）使其启动（脉冲上升沿使 0809 复位，下降沿启动 A/D 转换）。

EOC：A/D 转换结束信号，输出，当 A/D 转换结束时，此端输出一个高电平（转换期间一直为低电平）。

OE：数据输出允许信号，输入，高电平有效。当 A/D 转换结束时，此端输入一个高电平，才能打开输出三态门，输出数字量。

CLK：时钟脉冲输入端。要求时钟频率不高于 640kHz。

REF（+）、REF（-）：基准电压。

Vcc：电源，单一＋5V。

GND：地。

图 3-19 ADC0809 内部结构图

图 3-20 ADC0809 引脚图

（5）ADC0809 的工作过程

ADC0809 是带有 8 位 A/D 转换器、8 路多路开关以及微处理机兼容的控制逻辑的 CMOS 组件。它是逐次逼近式 A/D 转换器，可以和单片机直接接口。A、B 和 C 为地址输入线，用于选通 IN0～IN7 上的一路模拟量输入。通道选择表如表 3-11 所示。

表 3-11 　　　　　　　　　　　　ADC0809 通道选择

C	B	A	通道选择
0	0	0	IN0
0	0	1	IN1
0	1	0	IN2
0	1	1	IN3
1	0	0	IN4
1	0	1	IN5
1	1	0	IN6
1	1	1	IN7

ADC0809 应用说明：①ADC0809 内部带有输出锁存器，可以与 AT89S51 单片机直接相连。②初始化时，使 ST 和 OE 信号全为低电平。③送要转换的哪一通道的地址到 A、B、C 端口上。④在 ST 端给出一个至少有 100ns 宽的正脉冲信号。⑤是否转换完毕，我们根据 EOC 信号来判断。⑥当 EOC 变为高电平时，这时给 OE 为高电平，转换的数据就输出给单片机了。

（6）ADC0809 接口电路

根据前面的介绍，我们清楚首先要让 ADC0809 正常的工作起来，它的控制信号有 OE、CLK、EOC、START、ALE、ADDA、ADDB、ADDC，分别与单片机 I/O 口连接，IN0～IN7 与我们外部模拟信号连接，如果模拟信号比较弱的话，我们可以采用放大之后再与 A/D 转换器连接，要是外部模拟信号变化较快，我们可以在输入前加保持电路，D0～D7 为 A/D 转换量输出，则也单片机的 I/O 口连接。具体连接如图 3-21 所示。

图 3-21　ADC0809 接口电路

4. 本实例 C 语言程序代码

```c
#include <reg51.h>
#define TIME0H 0xff
#define TIME0L 0xce
#define vdInitialize()   vWriteCMD(0x01);vWriteCMD(0x38);vWriteCMD(0x0C);//初始化

sbit LCDRS=P3^5;        //寄存器选择信号：0--数据寄存器；1--指令寄存器
sbit LCDRW=P3^6;        //读写信号：1--读 LCD；0--写 LCD
sbit LCDE=P3^7;         //片选信号，当输入下降沿信号时，执行指令或传送数据
#define LCDPORT P0      //LCD 数据接口
sbit START=P3^4;        //sTART, ALE 接口。0->1->0:启动 AD 转换
sbit EOC=P3^3;          //转换完毕由 0 变 1
#define OUTPORT P2;
unsigned int uc_Clock=1000;        //定时器 0 中断计数
sbit P3_2=P3^2;
sbit P1_3=P1^3;
sbit P1_4=P1^4;
sbit P1_5=P1^5;
bit b_DATransform=0;
void vDelay();                                     //延时函数
void vWriteCMD(unsigned char ucCommand);           //把 1 个命令写入 LCD
void vWriteData(unsigned char ucData);             //把 1 个数据写入 LCD
void vShowOneChar(unsigned char ucChar);
void vShowChar(unsigned char ucaChar[]);


/*********************把电压显示在 LCD 上*******************/

void vShowVoltage(unsigned int uiNumber)
{
    unsigned char ucaNumber[3],ucCount;
    if(uiNumber>999)
        uiNumber=999;
    ucaNumber[0]=uiNumber/100;          //把计算数字的每个位存入数组
    ucaNumber[1]=(uiNumber-100*(int)ucaNumber[0])/10;
    ucaNumber[2]=uiNumber-100*(int)ucaNumber[0]-10*ucaNumber[1];
    for(ucCount=0;ucCount<3;ucCount++)
        {
        vShowOneChar(ucaNumber[ucCount]+48);//从首位到末位逐一输出
        if(ucCount==0)
            vShowOneChar('.');
        }
}
/*********************把 1 个命令写入 LCD*****************/
void vWriteCMD(unsigned char ucCommand)
{
    vDelay();                    //先延时
    LCDE=1;                      //然后把ＬＣＤ改为写入命令状态
    LCDRS=0;
    LCDRW=0;
    LCDPORT=ucCommand;           //再输出命令
```

```
        LCDE=0;                          //最后执行命令
    }
/*********************把1个数据写入 LCD******************/
void vWriteData(unsigned char ucData)
{
        vDelay();                        //先延时
        LCDE=1;                          //然后把ＬＣＤ改为写入数据状态
        LCDRS=1;
        LCDRW=0;
        LCDPORT=ucData;                  //再输出数据
        LCDE=0;                          //最后显示数据
}
void vShowOneChar(unsigned char ucChar)
{
        switch(ucChar)
            {
            case ' ': vWriteData(0x20);break;
            case '!': vWriteData(0x21);break;
            case '"': vWriteData(0x22);break;
            case '#': vWriteData(0x23);break;
            case '$': vWriteData(0x24);break;
            case '%': vWriteData(0x25);break;
            case '&': vWriteData(0x26);break;
            case '>': vWriteData(0x27);break;
            case '(': vWriteData(0x28);break;
            case ')': vWriteData(0x29);break;
            case '*': vWriteData(0x20);break;
            case '+': vWriteData(0x2A);break;
            case '-': vWriteData(0x2D);break;
            case '/': vWriteData(0x2F);break;
            case '=': vWriteData(0x3D);break;
            case '<': vWriteData(0x3E);break;
            case '?': vWriteData(0x3F);break;
            case '.': vWriteData(0x2E);break;
            case ':': vWriteData(0x3A);break;

            case '0': vWriteData(0x30);break;
            case '1': vWriteData(0x31);break;
            case '2': vWriteData(0x32);break;
            case '3': vWriteData(0x33);break;
            case '4': vWriteData(0x34);break;
            case '5': vWriteData(0x35);break;
            case '6': vWriteData(0x36);break;
            case '7': vWriteData(0x37);break;
            case '8': vWriteData(0x38);break;
            case '9': vWriteData(0x39);break;

            case 'A': vWriteData(0x41);break;
            case 'B': vWriteData(0x42);break;
            case 'C': vWriteData(0x43);break;
            case 'D': vWriteData(0x44);break;
            case 'E': vWriteData(0x45);break;
            case 'F': vWriteData(0x46);break;
            case 'G': vWriteData(0x47);break;
```

```
        case 'H': vWriteData(0x48);break;
        case 'I': vWriteData(0x49);break;
        case 'J': vWriteData(0x4A);break;
        case 'K': vWriteData(0x4B);break;
        case 'L': vWriteData(0x4C);break;
        case 'M': vWriteData(0x4D);break;
        case 'N': vWriteData(0x4E);break;
        case 'O': vWriteData(0x4F);break;
        case 'P': vWriteData(0x50);break;
        case 'Q': vWriteData(0x51);break;
        case 'R': vWriteData(0x52);break;
        case 'S': vWriteData(0x53);break;
        case 'T': vWriteData(0x54);break;
        case 'U': vWriteData(0x55);break;
        case 'V': vWriteData(0x56);break;
        case 'W': vWriteData(0x57);break;
        case 'X': vWriteData(0x58);break;
        case 'Y': vWriteData(0x59);break;
        case 'Z': vWriteData(0x5A);break;
        case 'a': vWriteData(0x61);break;
        case 'b': vWriteData(0x62);break;
        case 'c': vWriteData(0x63);break;
        case 'd': vWriteData(0x64);break;
        case 'e': vWriteData(0x65);break;
        case 'f': vWriteData(0x66);break;
        case 'g': vWriteData(0x67);break;
        case 'h': vWriteData(0x68);break;
        case 'i': vWriteData(0x69);break;
        case 'j': vWriteData(0x6A);break;
        case 'k': vWriteData(0x6B);break;
        case 'l': vWriteData(0x6C);break;
        case 'm': vWriteData(0x6D);break;
        case 'n': vWriteData(0x6E);break;
        case 'o': vWriteData(0x6F);break;
        case 'p': vWriteData(0x70);break;
        case 'q': vWriteData(0x71);break;
        case 'r': vWriteData(0x72);break;
        case 's': vWriteData(0x73);break;
        case 't': vWriteData(0x74);break;
        case 'u': vWriteData(0x75);break;
        case 'v': vWriteData(0x76);break;
        case 'w': vWriteData(0x77);break;
        case 'x': vWriteData(0x78);break;
        case 'y': vWriteData(0x79);break;
        case 'z': vWriteData(0x7A);break;
        default: break;
        }
}
void vShowChar(unsigned char ucaChar[])
{
    unsigned char ucCount;
    for(ucCount=0;;ucCount++)
        {
        vShowOneChar(ucaChar[ucCount]);
        if(ucaChar[ucCount+1]=='\0')
            break;
```

```
                }
/*********************延时函数*******************/
void vDelay()
{
    unsigned int uiCount;
    for(uiCount=0;uiCount<250;uiCount++);
}


//AD 转换函数，返回转换结果。
//转换结果是 3 位数，小数点在百位与十位之间。

unsigned int uiADTransform()
{
    unsigned int uiResult;
    START=1;                        //启动 A/D 转换
    START=0;
    while(EOC==0);                  //等待转换结束
    uiResult=OUTPORT;               //出入转换结果
    uiResult=(100*uiResult)/51;     //处理运算结果
    return uiResult;
}
/*********************主函数*******************/
void main()
{                           //设置定时器 0
    TMOD=0x01;              //定时器 0，模式 1
    TH0=TIME0H;
    TL0=TIME0L;
    TR0=1;                  //启动定时器
    ET0=1;                  //开定时器中断
    EA=1;                   //开总中断
    P1_3=0;
    P1_4=0;
    P1_5=0;
    vdInitialize();
    vWriteCMD(0x84);        //写入显示起始地址（第二行第一个位置）
    vShowChar("Voltage:");
    vWriteCMD(0xC9);
    vShowChar("(V)");
    while(1)
        {
        if(b_DATransform==1)
            {
            b_DATransform=0;
            vWriteCMD(0xC4);
            vShowVoltage(uiADTransform());
            }
        }
}
/*********************定时器 0 中断函数*******************/
void Time0() interrupt 1
{
    if(uc_Clock==0)
        {
        uc_Clock=1000;
        b_DATransform=1;
        }
```

```
    else
        uc_Clock--;
    P3_2=~P3_2;
    TH0=TIME0H;                //恢复定时器 0
    TL0=TIME0L;
}
```

5. 系统功能仿真

简易数字直流电压表仿真图如图 3-22 所示，ADC0809 进行 A/D 转换时，通过 P1.0~P1.2 连接按键选择转换通道号，采用查询 EOC 的标志信号来检查 A/D 转换是否完毕，若完毕则把数据通过 P2 端口读入，经过数据处理之后在 LCD1602 上显示。

图 3-22 基于 AT89S52 单片机的数字直流电压表系统仿真效果图

6. 硬件电路制作

请参照"3.2.3 硬件电路设计、软件编程及仿真"中的内容。

3.4 基于单片机的液显数字时钟系统设计

3.4.1 系统的功能

在本节设计的单片机液晶数字时钟系统，需具备以下的功能。

显示即时日历时间：能够准确的显示当前的即时日历时间，包括年、月、日、时、分、秒。

日历时间可调：可以通过键盘对日历时间进行调整。

电池供电：保证时间数据不丢失。

显示模式：液晶显示。

3.4.2　总体方案设计

该节介绍的基于单片机的数字时钟电路设计由以下几个部分组成：单片机最小系统、时钟模块、键盘模块、显示设备等几部分组成。系统方框图如图 3-23 所示。

图 3-23　基于单片机的液显数字时钟系统框图

3.4.3　硬件电路设计、软件编程及仿真

1. DS1302 时钟模块电路设计

对于一个完善的单片机系统，经常需要对时间进行操作。例如，记录当前采集数据的时间、显示当前时间、设定关机时间等。为了能够对时间进行控制，通常需要在硬件电路中集成实时时钟芯片。实时时钟芯片一般均内置了可编程的实时日历时钟，用于设定以及保存时间。其采用备份电池供电，在系统断电时仍可以工作，因此时间值不会丢失。另外，实时时钟芯片一般内置闰年补偿系统，计时很准确。实时时钟芯片的这些优点，使得其广泛应用于需要时间显示的测控系统或者手持式设备中。本系统采用美国 DALLAS 公司推出实时时钟芯片 DS1302 产生时钟信号。

（1）实时时钟芯片 DS1302 概述

现在流行的串行时钟电路很多，如 DS1302、DS1307、PCF8485 等。这些电路的接口简单、价格低廉、使用方便，被广泛地采用。本文介绍的实时时钟电路 DS1302 是 DALLAS 公司的一种具有涓细电流充电能力的电路，主要特点是采用串行数据传输，可为掉电保护电源提供可编程的充电功能，并且可以关闭充电功能。采用普通 32.768kHz 晶振。

DS1302 是美国 DALLAS 公司推出的一种高性能、低功耗、带 RAM 的实时时钟电路，它可以对年、月、日、周日、时、分、秒进行计时，具有闰年补偿功能，工作电压为 2.5V～5.5V。采用三线接口与 CPU 进行同步通信，并可采用突发方式一次传送多字节的时钟信号或 RAM 数据。DS1302 内部有一个 31×8 的用于临时性存放数据的 RAM 寄存器。DS1302 是 DS1202 的升级产品，与 DS1202 兼容，但增加了主电源/后背电源双电源引脚，同时提供了对后备电源进行涓细电流充电的能力。

（2）引脚功能及结构

DS1302 的引脚排列，其中 VCC1 为后备电源，VCC2 为主电源。在主电源关闭的情况下，

也能保持时钟的连续运行。DS1302 由 VCC1 或 VCC2 两者中的较大者供电。当 VCC2 大于
VCC1＋0.2V 时，VCC2 给 DS1302 供电。当 VCC2 小于 VCC1 时，DS1302 由 VCC1 供电。
X1 和 X2 是振荡源，外接 32.768kHz 晶振。RST 是复位/片选线，通过把 RST 输入驱动置高
电平来启动所有的数据传送。RST 输入有两种功能：首先，RST 接通控制逻辑，允许地址/
命令序列送入移位寄存器；其次，RST 提供终止单字节或多字节
数据的传送手段。当 RST 为高电平时，所有的数据传送被初始化，
允许对 DS1302 进行操作。如果在传送过程中 RST 置为低电平，
则会终止此次数据传送，I/O 引脚变为高阻态。上电运行时，在
VCC>2.0V 之前，RST 必须保持低电平。只有在 SCLK 为低电平时，
才能将 RST 置为高电平。I/O 为串行数据输入输出端（双向），后
面有详细说明。SCLK 为时钟输入端。图 3-24 为 DS1302 的引脚功
能图。

图 3-24　DS1302 的引脚功能图

（3）DS1302 的控制字节

DS1302 的控制字如图 3-25 所示。控制字节的最高有效位（位 7）必须是逻辑 1，如果
它为 0，则不能把数据写入 DS1302 中，位 6 如果为 0，则表示存取日历时钟数据，为 1 表示
存取 RAM 数据。位 5 至位 1 指示操作单元的地址。最低有效位（位 0）如为 0 表示要进行
写操作，为 1 表示进行读操作，控制字节总是从最低位开始输出。

7	6	5	4	3	2	1	0
1	RAM/$\overline{CK}$	A4	A3	A2	A1	A0	RD/$\overline{WR}$

图 3-25　DS1302 的控制字

（4）数据输入输出（I/O）

在控制指令字输入后的下一个 SCLK 时钟的上升沿时，数据被写入 DS1302，数据输入
从低位即位 0 开始。同样，在紧跟 8 位的控制指令字后的下一个 SCLK 脉冲的下降沿读出
DS1302 的数据，读出数据时从低位 0 位到高位 7。

（5）DS1302 的寄存器

DS1302 有 12 个寄存器，其中有 7 个寄存器与日历、时钟相关，存放的数据位为 BCD
码形式,其日历、时间寄存器及其控制字见表 3-12。此外，DS1302 还有年份寄存器、控制寄
存器、充电寄存器、时钟突发寄存器及与 RAM 相关的寄存器等。时钟突发寄存器可一次性
顺序读写除充电寄存器外的所有寄存器内容。DS1302 与 RAM 相关的寄存器分为两类：一类
是单个 RAM 单元，共 31 个，每个单元组态为一个 8 位的字节，其命令控制字为 C0H～FDH，
其中奇数为读操作，偶数为写操作；另一类为突发方式下的 RAM 寄存器，此方式下可一次
性读写所有的 RAM 的 31 个字节，命令控制字为 FEH（写）、FFH（读）。

表 3-12　　　　　　　　　　　　　日历、时间寄存器及其控制字

读寄存器	写寄存器	BIT7	BIT6	BIT5	BIT4	BIT3	BT2	BIT1	BIT0	范围
81H	80H	CH		10 秒			秒			00-59
83H	82H			10 分			分			00-59

续表

读寄存器	写寄存器	BIT7	BIT6	BIT5	BIT4	BIT3	BT2	BIT1	BIT0	范围
85H	84H	12/24	0	10 AM/PM	时	时				1-12/0-23
87H	86H	0	0	10 日		日				1-31
89H	88H	0	0	0	10 月	月				1-12
8BH	8AH	0	0	0	0	0	星期			1-7
8DH	8CH	10 年				年				00-99
8FH	8EH	WP	0	0	0	0	0	0	0	—

（6）DS1302 实时显示时间的软硬件

DS1302 与 CPU 的连接需要三条线，即 SCLK(7)、I/O(6)、RST（5）。图 3-26 为 DS1302 与 AT89S52 的连接图，其中，时钟的显示用 LCD。实际上，在调试程序时可以不加电容器，只加一个 32.768kHz 的晶振即可。只是选择晶振时，不同的晶振，误差也较大。

DS1302 与微处理器进行数据交换时，首先由微处理器向电路发送命令字节，命令字节最高位 Write Protect（D7）必须为逻辑 0，如果 D7=1，则禁止写 DS1302，即写保护；D6=0，指定时钟数据，D6=1，指定 RAM 数据；D5～D1 指定输入或输出的特定寄存器；最低位 LSB（D0）为逻辑 0，指定写操作（输入），D0=1，指定读操作（输出）。

图 3-26　DS1302 与 AT89S52 的连接图

在 DS1302 的时钟日历或 RAM 进行数据传送时，DS1302 必须首先发送命令字节。若进行单字节传送，8 位命令字节传送结束之后，在下 2 个 SCLK 周期的上升沿输入数据字节，或在下 8 个 SCLK 周期的下降沿输出数据字节。DS1302 与 RAM 相关的寄存器分为两类：一类是单个 RAM 单元，共 31 个，每个单元组态为一个 8 位的字节，其命令控制字为 C0H～FDH。其中奇数为读操作，偶数为写操作；再一类为突发方式下的 RAM 寄存器，在此方式下可一次性读、写所有的 RAM 的 31 个字节。

2. 键盘电路、复位电路、电源电路、下载接口模块

键盘电路、复位电路、电源电路、下载接口模块电路设计，请参照第 3.2 节中的内容。

3. 本实例 C 语言程序代码

```
#include<reg52.h>        //包含单片机寄存器的头文件
#include<intrins.h>      //包含_nop_()函数定义的头文件
#define uchar unsigned char
/********************************************************************
```

以下是 DS1302 芯片的操作程序

```
********************************************************************/
uchar code digit[10]={"0123456789"};        //定义字符数组显示数字
sbit RST=P1^3;        //位定义 1302 芯片的接口，复位端口定义
sbit DATA=P1^4;       //位定义 1302 芯片的接口，数据输出端定义
sbit SCLK=P1^5;       //位定义 1302 芯片的接口，时钟输出端口定义
char k=0,q=0,w=0,e=0,r=12,t=11,y=5,u=10;
/***函数功能：延时程序******/
void delaynus(uchar n)
{unsigned char i;
 for(i=0;i<n;i++)   ;
}
/****函数功能：向1302写一个字节数据****/
void Write1302(uchar dat)
{ uchar i;
  SCLK=0;                    //拉低 SCLK，为脉冲上升沿写入数据做好准备
  delaynus(2);               //稍微等待，使硬件做好准备
  for(i=0;i<8;i++)           //连续写 8 个二进制位数据
    {   DATA=dat&0x01;       //取出 dat 的第 0 位数据写入 1302
        delaynus(2);         //稍微等待，使硬件做好准备
        SCLK=1;              //上升沿写入数据
        delaynus(2);         //稍微等待，使硬件做好准备
        SCLK=0;              //重新拉低 SCLK，形成脉冲
        dat=dat>>1;          //将 dat 的各数据位右移 1 位，准备写入下一个数据位
    }
}
/**********************************************************
函数功能：根据命令字，向 1302 写一个字节数据
入口参数：Cmd, 储存命令字；dat
**********************************************************/
void WriteSet1302(uchar Cmd,uchar dat)
 { RST=0;             //禁止数据传递
   SCLK=0;            //确保写数居前 SCLK 被拉低
   RST=1;             //启动数据传输
   delaynus(2);       //稍微等待，使硬件做好准备
   Write1302(Cmd);    //写入命令字
   Write1302(dat);    //写数据
   SCLK=1;            //将时钟电平置于已知状态
   RST=0;             //禁止数据传递
 }
/**********************************************************
函数功能：从 1302 读一个字节数据
**********************************************************/
uchar Read1302(void)
 { uchar i,dat;
   delaynus(2);               //稍微等待，使硬件做好准备
```

```
        for(i=0;i<8;i++)        //连续读 8 个二进制位数据
    {    dat>>=1;             //将 dat 的各数据位右移 1 位，因为先读出的是字节的最低位
        if(DATA==1)          //如果读出的数据是 1
            dat|=0x80;       //将 1 取出，写在 dat 的最高位
            SCLK=1;          //将 SCLK 置于高电平，为下降沿读出
            delaynus(2);     //稍微等待
            SCLK=0;          //拉低 SCLK，形成脉冲下降沿
            delaynus(2);     //稍微等待
    }
  return dat;                //将读出的数据返回
}
/*****************************************************
函数功能：根据命令字，从 1302 读取一个字节数据
入口参数：Cmd
*****************************************************/
uchar  ReadSet1302(uchar Cmd)
 {unsigned char dat;
  RST=0;                     //拉低 RST
  SCLK=0;                    //确保写数居前 SCLK 被拉低
  RST=1;                     //启动数据传输
  Write1302(Cmd);           //写入命令字
  dat=Read1302();           //读出数据
  SCLK=1;                    //将时钟电平置于已知状态
  RST=0;                     //禁止数据传递
  return dat;                //将读出的数据返回
}
/*****************************************************
函数功能： 1302 进行初始化设置
*****************************************************/
void Init_DS1302(void)
{    WriteSet1302(0x8E,0x00);                        //根据写状态寄存器命令字，写入不保护指令
     WriteSet1302(0x80,((0/10)<<4|(0%10)));          //根据写秒寄存器命令字，写入秒的初始值
     WriteSet1302(0x82,((0/10)<<4|(0%10)));          //根据写分寄存器命令字，写入分的初始值
     WriteSet1302(0x84,((12/10)<<4|(12%10)));        //根据写小时寄存器命令字，写入小时的初始值
     WriteSet1302(0x86,((1/10)<<4|(1%10)));          //根据写日寄存器命令字，写入日的初始值
     WriteSet1302(0x88,((3/10)<<4|(3%10)));          //根据写月寄存器命令字，写入月的初始值
     WriteSet1302(0x8a,((6/10)<<4|(6%10)));          //根据写星期寄存器命令字，写入星期的初始值
     WriteSet1302(0x8c,((14/10)<<4|(14%10)));        //根据写年寄存器命令字，写入年的初始值
}
/*************************************************************************
以下是对液晶模块 1602 的操作程序
*************************************************************************/
sbit E=P1^0;           //使能信号位，将 E 位定义
sbit RW=P1^1;          //读写选择位，将 RW 位定义
sbit RS=P1^2;          //寄存器选择位，将 RS 位定义
sbit BF=P2^7;          //忙碌标志位，将 BF 位定义
/*****************************************************
```

函数功能: 延时 1ms

(3j+2)*i=(3×33+2)×10=1010(ns), 可以认为是 1 毫秒

```
***************************************************/
void delay1ms()
{
  unsigned char i,j;
    for(i=0;i<10;i++)
      for(j=0;j<33;j++)
      ;
}
/***************************************************
```

函数功能: 延时若干毫秒

入口参数: n

```
***************************************************/
void delaynms(uchar n)
{
  unsigned char i;
    for(i=0;i<n;i++)
      delay1ms();
}
/***************************************************
```

函数功能: 判断液晶模块的忙碌状态

返回值: result。result=1, 忙碌; result=0, 不忙

```
***************************************************/
bit BusyTest(void)
  {
    bit result;
    RS=0;              //根据规定, RS 为低电平, RW 为高电平时, 可以读状态
    RW=1;
    E=1;               //E=1, 才允许读写
    _nop_();           //空操作
    _nop_();
    _nop_();
    _nop_();           //空操作四个机器周期, 给硬件反应时间
    result=BF;         //将忙碌标志电平赋给 result
    E=0;               //将 E 恢复低电平
    return result;
  }
/***************************************************
```

函数功能: 将模式设置指令或显示地址写入液晶模块

入口参数: dictate

```
***************************************************/
void WriteInstruction (uchar dictate)
{ while(BusyTest()==1);    //如果忙就等待
    RS=0;                      //根据规定, RS 和 R/W 同时为低电平时, 可以写入指令
    RW=0;
    E=0;                       //E 置低电平 (根据表 8-6, 写指令时, E 为高脉冲)
                               //就是让 E 从 0 到 1 发生正跳变, 所以应先置"0"
    _nop_();
    _nop_();                   //空操作两个机器周期, 给硬件反应时间
```

```
    P2=dictate;                    //将数据送入 P2 口，即写入指令或地址
    _nop_();
    _nop_();
    _nop_();
    _nop_();                       //空操作四个机器周期，给硬件反应时间
    E=1;                           //E 置高电平
    _nop_();
    _nop_();
    _nop_();
    _nop_();                       //空操作四个机器周期，给硬件反应时间
    E=0;                           //当 E 由高电平跳变成低电平时，液晶模块开始执行命令
}


/**********************************************
函数功能：指定字符显示的实际地址
**********************************************/
void WriteAddress(uchar x)
{
    WriteInstruction(x|0x80);  //显示位置的确定方法规定为"80H+地址码 x"
}



/**********************************************
函数功能：将数据(字符的标准 ASCII 码)写入液晶模块
**********************************************/
void WriteData(uchar y)
{ while(BusyTest()==1);
    RS=1;               //RS 为高电平，RW 为低电平时，可以写入数据
    RW=0;
    E=0;                //E 置低电平(根据表 8-6，写指令时，E 为高脉冲，
                        //就是让 E 从 0 到 1 发生正跳变，所以应先置"0"
    P2=y;               //将数据送入 P2 口，即将数据写入液晶模块
    _nop_();
    _nop_();
    _nop_();
    _nop_()             //空操作四个机器周期，给硬件反应时间
    E=1;                //E 置高电平
    _nop_();
    _nop_();
    _nop_();
    _nop_()             //空操作四个机器周期，给硬件反应时间
    E=0;                //当 E 由高电平跳变成低电平时，液晶模块开始执行命令
}
/**********************************************
函数功能：对 LCD 的显示模式进行初始化设置
**********************************************/
void LcdInitiate(void)
{   delaynms(15);                      //延时 15ms，首次写指令时应给 LCD 一段较长的反应时间
    WriteInstruction(0x38);            //显示模式设置：16×2 显示，5×7 点阵，8 位数据接口
```

```
    delaynms(5);                      //延时 5ms, 给硬件一点反应时间
    WriteInstruction(0x38);
    delaynms(5);                      //延时 5ms, 给硬件一点反应时间
    WriteInstruction(0x38);           //连续三次, 确保初始化成功
    delaynms(5);                      //延时 5ms, 给硬件一点反应时间
    WriteInstruction(0x0c);           //显示模式设置: 显示开, 无光标, 光标不闪烁
    delaynms(5);                      //延时 5ms, 给硬件一点反应时间
    WriteInstruction(0x06);           //显示模式设置: 光标右移, 字符不移
    delaynms(5);                      //延时 5ms, 给硬件一点反应时间
    WriteInstruction(0x01);           //清屏幕指令, 将以前的显示内容清除
    delaynms(5);                      //延时 5ms, 给硬件一点反应时间
}
/*************************************************************
以下是 1302 数据的显示程序
**************************************************************/
/*************************************************************
函数功能: 显示秒
**************************************************************/
void DisplaySecond(uchar x)
{   unsigned char i,j;                //j,k,l 分别储存温度的百位、十位和个位
    i=x/10;//取十位
    j=x%10;//取个位
    WriteAddress(0x49);               //写显示地址,将在第 2 行第 7 列开始显示
    WriteData(digit[i]);              //将百位数字的字符常量写入 LCD
    WriteData(digit[j]);              //将十位数字的字符常量写入 LCD
    delaynms(40);                     //延时 1ms 给硬件一点反应时间
}
/*************************************************************
函数功能: 显示分钟
**************************************************************/
void DisplayMinute(uchar x)
{   uchar i,j;                        //j,k,l 分别储存温度的百位、十位和个位
    i=x/10;//取十位
    j=x%10;//取个位
    WriteAddress(0x46);               //写显示地址,将在第 2 行第 7 列开始显示
    WriteData(digit[i]);              //将百位数字的字符常量写入 LCD
    WriteData(digit[j]);              //将十位数字的字符常量写入 LCD
    delaynms(40);                     //延时 1ms 给硬件一点反应时间
}
/*************************************************************
函数功能: 显示小时
**************************************************************/
void DisplayHour(uchar x)
{   uchar i,j;                        //j,k,l 分别储存温度的百位、十位和个位
    i=x/10;//取十位
    j=x%10;//取个位
    WriteAddress(0x43);               //写显示地址,将在第 2 行第 7 列开始显示
    WriteData(digit[i]);              //将百位数字的字符常量写入 LCD
```

```
        WriteData(digit[j]);          //将十位数字的字符常量写入 LCD
        delaynms(40);                 //延时 1ms 给硬件一点反应时间
    }
    /*********************************************************
```
函数功能：显示日
```
    *******************************************************/
    void DisplayDay(uchar x)
    {uchar i,j;                       //j,k,l 分别储存温度的百位、十位和个位
        i=x/10;//取十位
        j=x%10;//取个位
        WriteAddress(0x0b);           //写显示地址,将在第 2 行第 7 列开始显示
        WriteData(digit[i]);          //将百位数字的字符常量写入 LCD
        WriteData(digit[j]);          //将十位数字的字符常量写入 LCD
        delaynms(40);                 //延时 1ms 给硬件一点反应时间
    }
    /*********************************************************
```
函数功能：显示月
```
    *******************************************************/
    void DisplayMonth(uchar x)
    {  uchar i,j;                     //j,k,l 分别储存温度的百位、十位和个位
        i=x/10;//取十位
        j=x%10;//取个位
        WriteAddress(0x08);           //写显示地址,将在第 2 行第 7 列开始显示
        WriteData(digit[i]);          //将百位数字的字符常量写入 LCD
        WriteData(digit[j]);          //将十位数字的字符常量写入 LCD
        delaynms(40);                 //延时 1ms 给硬件一点反应时间
    }
    /*********************************************************
```
函数功能：显示星期
```
    *******************************************************/
    void DisplayWeek(uchar x)
    {  uchar i,j;                     //j,k,l 分别储存温度的百位、十位和个位
        i=x/10;//取十位
        j=x%10;//取个位
        WriteAddress(0x0e);           //写显示地址,将在第 2 行第 7 列开始显示
        WriteData(digit[i]);          //将百位数字的字符常量写入 LCD
        WriteData(digit[j]);          //将十位数字的字符常量写入 LCD
        delaynms(40);                 //延时 1ms 给硬件一点反应时间
    }
    /*********************************************************
```
函数功能：显示年
```
    *******************************************************/
    void DisplayYear(uchar x)
    {  uchar i,j;                     //j,k,l 分别储存温度的百位、十位和个位
        i=x/10;//取十位
        j=x%10;//取个位
        WriteAddress(0x05);           //写显示地址,将在第 2 行第 7 列开始显示
        WriteData(digit[i]);          //将百位数字的字符常量写入 LCD
```

```
    WriteData(digit[j]);            //将十位数字的字符常量写入 LCD
    delaynms(40);                   //延时 1ms 给硬件一点反应时间
 }
/********************************
    以下是对按键设置操作程序
*********************************    /
/***********************************************
函数功能：显示工作模式
***********************************************/
void DisplayMode()
{if(k==0)
    {WriteAddress(0x4c);            //写显示地址,将在第 2 行第 7 列开始显示
    WriteData(' ');                 //将百位数字的字符常量写入 LCD
    WriteAddress(0x4d);
    WriteData(' ');                 //将十位数字的字符常量写入 LCD
    WriteAddress(0x4e);
    WriteData(' ');
    WriteAddress(0x4f);
    WriteData(' ');
    delaynms(50);}                  //延时 1ms 给硬件一点反应时间
  if(k==1)
    {WriteAddress(0x4c);            //写显示地址,将在第 2 行第 7 列开始显示
    WriteData('S');                 //将百位数字的字符常量写入 LCD
    WriteAddress(0x4d);
    WriteData('e');                 //将十位数字的字符常量写入 LCD
    WriteAddress(0x4e);
    WriteData('c');
    WriteAddress(0x4f);
    WriteData(' ');
    delaynms(50);}                  //延时 1ms 给硬件一点反应时间
  if(k==2)
    {WriteAddress(0x4c);            //写显示地址,将在第 2 行第 7 列开始显示
    WriteData('M');                 //将百位数字的字符常量写入 LCD
    WriteAddress(0x4d);
    WriteData('i');                 //将十位数字的字符常量写入 LCD
    WriteAddress(0x4e);
    WriteData('n');
    WriteAddress(0x4f);
    WriteData(' ');
    delaynms(50);}                  //延时 1ms 给硬件一点反应时间
  if(k==3)
    {WriteAddress(0x4c);            //写显示地址,将在第 2 行第 7 列开始显示
    WriteData('H');                 //将百位数字的字符常量写入 LCD
    WriteAddress(0x4d);
    WriteData('o');                 //将十位数字的字符常量写入 LCD
    WriteAddress(0x4e);
    WriteData('u');
    WriteAddress(0x4f);
    WriteData('r');
    delaynms(50);}                  //延时 1ms 给硬件一点反应时间
```

```
      if(k==4)
         {WriteAddress(0x4c);                    //写显示地址,将在第 2 行第 7 列开始显示
          WriteData('D');                         //将百位数字的字符常量写入 LCD
          WriteAddress(0x4d);
          WriteData('a');                         //将十位数字的字符常量写入 LCD
          WriteAddress(0x4e);
          WriteData('y');
          WriteAddress(0x4f);
          WriteData(' ');
          delaynms(50);}                          //延时 1ms 给硬件一点反应时间
       if(k==5)
         {WriteAddress(0x4c);                    //写显示地址,将在第 2 行第 7 列开始显示
          WriteData('M');                         //将百位数字的字符常量写入 LCD
          WriteAddress(0x4d);
          WriteData('o');                         //将十位数字的字符常量写入 LCD
          WriteAddress(0x4e);
          WriteData('n');
          WriteAddress(0x4f);
          WriteData(' ');
          delaynms(50);}                          //延时 1ms 给硬件一点反应时间
       if(k==6)
         {WriteAddress(0x4c);                    //写显示地址,将在第 2 行第 7 列开始显示
          WriteData('W');                         //将百位数字的字符常量写入 LCD
          WriteAddress(0x4d);
          WriteData('e');                         //将十位数字的字符常量写入 LCD
          WriteAddress(0x4e);
          WriteData('e');
          WriteAddress(0x4f);
          WriteData('k');
          delaynms(50);}                          //延时 1ms 给硬件一点反应时间
       if(k==7)
         {WriteAddress(0x4c);                    //写显示地址,将在第 2 行第 7 列开始显示
          WriteData('Y');                         //将百位数字的字符常量写入 LCD
          WriteAddress(0x4d);
          WriteData('e');                         //将十位数字的字符常量写入 LCD
          WriteAddress(0x4e);
          WriteData('a');
          WriteAddress(0x4f);
          WriteData('r');
          delaynms(50);}                          //延时 1ms 给硬件一点反应时间
}
/***********时间设置函数***********
*********************************/
 void Timeset1()
{if(q==60)
 q=0;
 if(q==-1)
 q=59;
 WriteSet1302(0x80,((q/10)<<4|(q%10)));
}
void Timeset2()
```

```
{
  if(w==60)
 w=0;
 if(w==-1)
 w=59;
  WriteSet1302(0x82,((w/10)<<4|(w%10)));
}
void Timeset3()
{
  if(e==24)
 e=0;
 if(e==-1)
 e=23;
  WriteSet1302(0x84,((e/10)<<4|(e%10)));
}

 void Timeset4()
{
  if(r==32)
 r=0;
 if(r==0)
 r=31;
  WriteSet1302(0x86,((r/10)<<4|(r%10)));
}

 void Timeset5()
{
  if(t==13)
 t=1;
 if(t==0)
 t=12;
  WriteSet1302(0x88,((t/10)<<4|(t%10)));
}
void Timeset6()
{
  if(y==8)
 y=1;
 if(y==0)
 y=7;
  WriteSet1302(0x8a,((y/10)<<4|(y%10)));
}
void Timeset7()
{
  if(u==70)
 u=0;
 if(u==-1)
 u=69;
  WriteSet1302(0x8c,((u/10)<<4|(u%10)));
}
/******************************************
        按键选择功能
******************************************/
sbit TAB=P3^2;
sbit ADD=P3^3;
sbit DEC=P3^4;
```

```c
void ButtonSelect()
{
  if(TAB==0)
        {
        k++;
        if(k==8)
        k=0;
        }

    if(ADD==0&&k==1)
        {
        q++;
        Timeset1();
        }
    if(DEC==0&&k==1)
        {
        q--;
        Timeset1();
        }
    if(ADD==0&&k==2)
        {
        w++;
        Timeset2();
        }
    if(DEC==0&&k==2)
        {
        w--;
        Timeset2();
        }

    if(ADD==0&&k==3)
        {
        e++;
        Timeset3();
        }
    if(DEC==0&&k==3)
        {
        e--;
        Timeset3();
        }
    if(ADD==0&&k==4)
        {
        r++;
        Timeset4();
        }
    if(DEC==0&&k==4)
        {
        r--;
        Timeset4();
        }
    if(ADD==0&&k==5)
        {
        t++;
        Timeset5();
        }
```

```
            if(DEC==0&&k==5)
                {
                t--;
                Timeset5();
                }
            if(ADD==0&&k==6)
                {
                y++;
                Timeset6();
                }
            if(DEC==0&&k==6)
                {
                y--;
                Timeset6();
                }
            if(ADD==0&&k==7)
                {
                u++;
                Timeset7();
                }
            if(DEC==0&&k==7)
                {
                u--;
                Timeset7();
                }
}


/*******************************************************
函数功能: 主函数
*******************************************************/
void main(void)
{
  uchar second,minute,hour,day,month,week,year;          //分别储存秒、分、小时, 日, 月, 年
  uchar ReadValue;                                       //储存从1302读取的数据
  LcdInitiate();                                         //将液晶初始化
  WriteAddress(0x00);                   //写 Date 的显示地址,将在第1行第2列开始显示
  WriteData('D');                       //将字符常量写入 LCD
  WriteAddress(0x01);                   //写 Date 的显示地址,
  WriteData('T');                       //将字符常量写入 LCD
  WriteAddress(0x03);                   //写年月分隔符的显示地址
  WriteData('2');                       //将字符常量写入 LCD
  WriteAddress(0x04);                   //写 Date 的显示地址,
  WriteData('0');                       //将字符常量写入 LCD
  WriteAddress(0x07);                   //写年月分隔符的显示地址, 显示在第1行第9列
  WriteData('-');                       //将字符常量写入 LCD
  WriteAddress(0x0a);                   //写月日分隔符的显示地址, 显示在第1行第12列
  WriteData('-');                       //将字符常量写入 LCD
  WriteAddress(0x40);                   //写月日分隔符的显示地址
  WriteData('T');                       //将字符常量写入 LCD
  WriteAddress(0x41);                   //写月日分隔符的显示地址
```

```
   WriteData('M');                                  //将字符常量写入 LCD
   WriteAddress(0x45);                              //写小时与分钟分隔符的显示地址，显示在第 2 行第 6 列
   WriteData(':');                                  //将字符常量写入 LCD
   WriteAddress(0x48);                              //写分钟与秒分隔符的显示地址，显示在第 2 行第 9 列
   WriteData(':');                                  //将字符常量写入 LCD
   Init_DS1302();                                   //将 1302 初始化
   while(1)
     {
       ReadValue = ReadSet1302(0x81);                              //从秒寄存器读数据
       second=((ReadValue&0x70)>>4)*10 + (ReadValue&0x0F);        //将读出数据转化
       DisplaySecond(second);                                     //显示秒
       ReadValue = ReadSet1302(0x83);                             //从分寄存器读
       minute=((ReadValue&0x70)>>4)*10 + (ReadValue&0x0F);        //将读出数据转化
       DisplayMinute(minute);                                     //显示分
     ReadValue = ReadSet1302(0x85);                               //从分寄存器读
     hour=((ReadValue&0x70)>>4)*10+(ReadValue&0x0F);             //将读出数据转化
       DisplayHour(hour);                                         //显示小时
       ReadValue = ReadSet1302(0x87);                             //从分寄存器读
       day=((ReadValue&0x70)>>4)*10 + (ReadValue&0x0F);          //将读出数据转化
        DisplayDay(day);                                          //显示日
        ReadValue = ReadSet1302(0x89);                            //从分寄存器读
     month=((ReadValue&0x70)>>4)*10 + (ReadValue&0x0F);          //将读出数据转化
       DisplayMonth(month);                                       //显示月
       ReadValue = ReadSet1302(0x8b);                             //从分寄存器读
       week=((ReadValue&0x70)>>4)*10 + (ReadValue&0x0F);         //将读出数据转化
       DisplayWeek(week);                                         //显示星期
       ReadValue = ReadSet1302(0x8d);                             //从分寄存器读
       year=((ReadValue&0x70)>>4)*10+(ReadValue&0x0F);           //将读出数据转化
       DisplayYear(year);                                         //显示年
       DisplayMode() ;
       ButtonSelect();
     }
 }
```

4. 系统功能仿真

如图 3-27 所示，通过 Proteus 的仿真我们实现了系统的功能。要特别说明的是 DS1302 使用备用电源，可以用电池或者超级电容器（0.1F 以上）。虽然 DS1302 在主电源掉电后的耗电很小，但是，如果要长时间保证时钟正常，最好选用小型充电电池。可以用老式电脑主板上的 3.6V 充电电池。如果断电时间较短（几小时或几天）时，就可以用漏电较小的普通电解电容器代替。100μF 就可以保证 1 小时的正常走时。DS1302 在第一次加电后，必须进行初始化操作。初始化后就可以按正常方法调整时间。

5. 硬件电路制作

请参照"3.2.3 硬件电路设计、软件编程及仿真"中的内容。

图 3-27 基于 AT89S52 单片机的数字钟系统仿真效果图

参 考 文 献

[1] 孟祥莲，高洪志. 单片机原理及应用——基于 Proteus 与 Keil C. 黑龙江：哈尔滨工业大学出版社，2010.

[2] 贺敬凯，刘德新. 单片机系统设计、仿真与应用：基于 Keil 和 Proteus 仿真平台. 陕西：西安电子科技大学出版社，2011.

[3] 谷树忠，刘文洲，姜航. Altium Designer 教程—原理图、PCB 设计与仿真. 北京:电子工业出版社，2012.

[4] 江思敏，胡烨. 高等院校 EDA 系列教材：Altium Designer（Protel）原理图与 PCB 设计教程. 北京：机械工业出版社，2009.

[5] 王连英，吴静进. 单片机原理及应用. 北京：化学工业出版社，2011.

[6] 赵全利，肖兴达. 单片机原理及应用教程. 北京：机械工业出版社，2007.